高等学校安全科学与工程系列教材

安全科学与工程导论

阳富强 主编　　洪溢都 葛樊亮 副主编

化学工业出版社
·北京·

内容简介

《安全科学与工程导论》围绕安全科学与工程展开系统论述。绪论部分，阐述安全与社会发展的关系，分析我国安全生产形势，介绍安全工程专业的起源与办学现状。安全科学与工程的有关概念章节，对安全、危险、事故、危险源等核心概念进行严谨界定与详细阐释。安全科学与工程学科体系章节，讲述学科产生与发展，剖析学科内涵、分类，还介绍其他安全学科体系。安全科学与工程人才培养体系章节，分别对本科生、硕士生和博士生培养目标、毕业要求、课程体系等进行说明。安全科学基础理论章节，涵盖安全哲学、安全系统工程、安全人机工程学等理论与研究方法。安全管理章节，介绍我国安全管理发展、理论基础、管理组织、安全文化及 HSE 管理体系。行业安全技术章节，概述化工、道路运输等多个行业的危险因素、安全技术与应急救援措施。公共安全章节，对公共安全事件分类，介绍相关理论模型与研究方法，为安全领域学习与实践提供全面参考。

本书可作为高等学校安全科学与工程、应急技术与管理等专业教材；也可供注册安全工程师、安全管理工作者和安全科学理论研究者等阅读。

图书在版编目（CIP）数据

安全科学与工程导论 / 阳富强主编 ；洪溢都，葛樊亮副主编. -- 北京 ：化学工业出版社，2025. 7.
（高等学校安全科学与工程系列教材）. -- ISBN 978-7-122-48699-8

Ⅰ. X9

中国国家版本馆 CIP 数据核字第 20253R9K83 号

责任编辑：高　震　　　文字编辑：段曰超
责任校对：宋　玮　　　装帧设计：韩　飞

出版发行：化学工业出版社
（北京市东城区青年湖南街 13 号　邮政编码 100011）
印　　装：河北延风印务有限公司
710mm×1000mm　1/16　印张 13　字数 221 千字
2026 年 1 月北京第 1 版第 1 次印刷

购书咨询：010-64518888　　售后服务：010-64518899
网　　址：http://www.cip.com.cn
凡购买本书，如有缺损质量问题，本社销售中心负责调换。

定　　价：48.00 元

前言

安全是国家稳定、社会发展、人民安康幸福的基石。党和国家一贯高度重视安全工作，并明确提出了安全在经济建设和社会发展中的重要性。党的二十大报告中强调“要坚持安全第一、预防为主，建立大安全大应急框架，完善公共安全体系，推动公共安全治理模式向事前预防转型”。《“十四五”国家安全生产规划》明确要求，要加强安全科学与工程及相关学科建设，培育一批既懂技术又懂管理的安全生产复合型人才。随着工业化、城镇化持续推进，各类事故发生的隐蔽性、复杂性、耦合性进一步凸显。此外，重特大灾害事故还将引发一系列次生、衍生灾害事故和生态环境破坏，形成复杂多样的灾害链、事故链，进一步增加了风险防控和应急处置的复杂性及难度。再者，全球化、信息化、网络化快速发展，也使得灾害事故影响的广度和深度增加。因此，培养新时代安全科学与工程类专业人才对健全公共安全体系、提升防灾减灾能力、加快社会治安防控体系建设具有重要意义。

安全科学与工程学科是安全科学基础理论和安全工程技术与管理以及实践相结合的一级学科，涉及自然灾害、事故灾难、公共卫生、社会安全等多个领域，以理工科为基础，与管理、法律、心理等多个学科交叉融合。该学科围绕安全科学、安全技术、安全系统工程、安全与应急管理及职业安全健康等领域，研究化工、土木、矿业、交通等众多行业领域的复杂安全问题，旨在为人类社会稳定发展提供安全理论基础、科技支撑和人才保障。本书紧紧围绕着安全科学这一中心理论，结合当前安全科学与工程学科的发展特点，设置多个知识模块，涵盖安全学科发展与人才培养、安全科学基础理论、行业安全工程知识概论等内容。全书设8章，主要包括：绪论、安全科学与工程的有关概念、安全科学与工程学科体系、安全科学与工程人才培养体系、安全科学基础理论、安全管理、行业安全技术、公共安全。

本书由阳富强担任主编，对全书进行统稿，并负责第1、4章的编写；葛樊亮负责第2、3、5章的编写；洪溢都负责第6、7、8章的编写。黄宝娇、刘海丰、孙晓婉、汪欢、许智涵、章雨等参加了部分编写工作。本书为福建省高等教育研究院高等教育改革与研究项目（FGJG202422）、中国研究生院院长联席会研究生教育研究探索课题（JG48240006）、福州大学研究生课程思政示范项目（JG48240023）的阶段性成果，在编写过程中，参考了多部国内安全工程专业教材及其他文献资料，还得到福州大学本科规划教材立项，在此一并表示感谢。

安全科学知识涉及面广、专业性强，限于编者水平和写作经验，书中疏漏在所难免，敬请读者批评指正。

阳富强

2025 年 7 月

目录

第1章

绪 论

1.1 安全与社会发展

安全通常是指免受人员伤害、疾病或死亡，或者避免引起设备、财产破坏或损失的状态。安全是一定时空内理性人的身心免受外界危害的状态，是人类最基本的需求之一。人类的一切活动都离不开安全，需要安全作为保障，安全理所当然应该成为一种不可或缺的重要资源。安全的本质是反映人、物以及人与物的关系，并使其实现协调运转。

安全科学与工程学科专业的众多知识能为和谐社会构建提供理论基础。表1-1从三个不同的视角枚举了安全科学理论可以为构建和谐社会提供理论基础的事实及其关系。由表可以看出，安全科学的建设与和谐社会发展密切相关。

表1-1 安全科学理论为构建和谐社会提供理论基础实例

视角	和谐社会构建	安全科学理论内容
哲学层面	人与自然关系的和谐	灾害学、安全模拟与安全仿真学、安全人机学、安全卫生工程技术等
	人与社会关系的和谐	安全法学、安全文化学、安全社会工程、安全社会学等
	人与思想关系的和谐	安全哲学、安全生理学、安全心理学、安全史、安全科学学、安全伦理学等
理论层面	民主法治，公平正义	安全法学、安全管理学、安全社会学等
	诚信友爱，充满活力	安全教育学、安全心理学、安全伦理学、安全文化学、安全信息论等
	安定有序	应急救援、安全模拟与安全仿真学、公共安全等
通俗层面	互相尊重，互相信任	安全伦理学、灾害学、安全生理学、安全文化学等
	各尽所能，各得其所	安全工程理论、安全卫生工程技术、安全人体学、安全管理学等
	和谐兴国，和谐创业	公共安全、部门安全工程学、安全系统学、安全控制论等

因而，安全是人们追求文明的重要目标之一，文明是社会发展的重要标志，安全是社会发展的前提和基础，而社会发展又为安全提供了更坚实的保障。在推动社会发展的过程中，要时刻关注安全问题，及时化解安全风险；在维护安全的过程中，也要注重促进社会发展，实现两者的良性循环。安全与社会发展之间存在着密不可分的关系，安全与社会的稳定直接相关。只有正确处理好两者的关系，才能实现国家的长治久安和社会的持续健康发展。

2014 年 4 月 15 日，中央国家安全委员会第一次会议召开，会议中首次提出总体国家安全观。总体国家安全观是一个内容丰富、开放包容、不断发展的思想体系，其核心要义可以概括为五大要素和五对关系。五大要素就是要以人民安全为宗旨，以政治安全为根本，以经济安全为基础，以军事、科技、文化、社会安全为保障，以促进国际安全为依托。五对关系就是既重视发展问题，又重视安全问题；既重视外部安全，又重视内部安全；既重视国土安全，又重视国民安全；既重视传统安全，又重视非传统安全；既重视自身安全，又重视共同安全。

《国民经济和社会发展第十四个五年规划和 2035 年远景目标纲要》第十五篇“统筹发展和安全，建设更高水平的平安中国”中的第五十四章对提高安全生产水平和完善国家应急管理体系提出要求和规划。党的二十大报告指出，我们要健全国家安全体系，完善高效权威的国家安全领导体制，完善国家安全法治体系、战略体系、政策体系、风险监测预警体系、国家应急管理体系，构建全域联动、立体高效的国家安全防护体系；提高公共安全治理水平，坚持安全第一、预防为主，完善公共安全体系，提高防灾减灾救灾和急难险重突发公共事件处置保障能力，加强个人信息保护。

1.2 我国安全生产形势

立足新发展阶段，党中央、国务院对安全生产工作提出了更高要求，强调坚持人民至上、生命至上，统筹好发展和安全两件大事，着力构建新发展格局，实现更高质量、更有效率、更加公平、更可持续、更为安全的发展，这为做好新时期安全生产工作指明了方向。但同时也要看到，我国各类事故隐患和安全风险交织叠加、易发多发，安全生产正处于爬坡过坎、攻坚克难的关键时期。随着工业化、城镇化持续发展，各类生产要素流动加快，安全风险更加集聚，事故的隐蔽性、突发性和耦合性明显增加，传统高危行业领域存量风险尚未得到有效化解，新工艺、新材料、新业态带来的增量风险呈现增多态势。

根据国家统计局《国民经济和社会发展统计公报》及《中国安全生产简史》统计数据，2011～2023 年全国生产安全事故起数和死亡人数如图 1-1 所示。

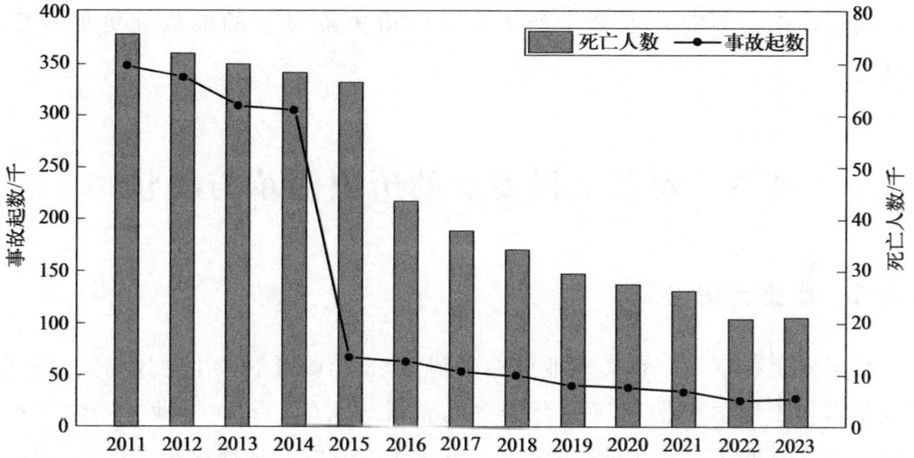

图 1-1　2011～2023 年全国生产安全事故起数和死亡人数

从图 1-1 可以发现，全国生产安全事故起数和死亡人数（除 2023 年死亡人数有一定的上升外）总体呈逐年下降趋势。根据近几年国家统计局发布的有关数据，全国生产安全事故起数每年较上一年大约减少 27%。

在党中央的领导和总体国家安全观的指导下，国家各部委不断制定、更新安全相关法律法规。“安全第一，预防为主，综合治理”是我国安全生产的方针，认真落实这一方针，既是党和国家的要求，也是搞好安全生产、保障从业人员的生命安全健康、保障企业的生产经营顺利进行的根本要求。此外，2021 年新修订了《中华人民共和国安全生产法》，要求矿山、金属冶炼、建筑施工、运输单位和危险物品的生产、经营、储存、装卸单位，应当设置安全生产管理机构或者配备专职安全生产管理人员。该规定以外的其他生产经营单位，从业人员超过一百人的，应当设置安全生产管理机构或者配备专职安全生产管理人员；从业人员在一百人以下的，应当配备专职或者兼职的安全生产管理人员。这一要求使得社会各界对安全科学与工程类专业人才的需求大幅提升。

新时代安全生产工作是一项长期而艰巨的任务。在当今数智化时代，安全生产行业迎来了诸多机遇与挑战。“物联网+”、“大数据”、人工智能等信息技术在安全生产监测监控、事故调查研究、职业卫生与健康管理、安全教育培训以及应急救援等相关领域得到广泛应用，发展潜力巨大。随着国家“科技兴安”战略的大力实施，政府机构、科研院所、石油化工、能源电力、机械制造、交通运输、建筑施工等众多行业急需一大批从事安全与应急管理、安全科学研究、安全检测与监控、安全风险评估、安全防护与设计的创新型复合型人才。展望未来，新时代安全生产工作将取得更加显著的成效和更加辉煌的成就。

1.3 安全工程专业的历史沿革与现状

1.3.1 专业历史沿革

我国安全科学与工程类专业可追溯到1953年设置的矿山通风与安全专业。安全技术与工程学专业于1981年被列为首批硕士学位招生专业。安全技术及工程二级学科博士点于1986年建立，隶属于当时的“地质勘探、矿业、石油”一级学科，随后又划归矿业工程一级学科。2011年，国务院学位委员会和教育部联合发布了《关于印发〈学位授予和人才培养学科目录〉的通知》，明确将安全科学与工程学科增列为一级学科。安全学科专业发展沿革见表1-2。

表1-2 安全工程专业发展沿革

年份	发展情况
1953	东北大学(原东北工学院)通风安全教研室招收我国第一届“矿山通风安全专业”的研究生班
1954	由时任国家劳动部部长的李立三同志倡议,创立北京劳动干部学校
1956	北京劳动干部学校正式开学,设立“劳动保护”“锅炉检查”“劳动经济”三个专业,每班招生100人
1957	煤炭部所属西安矿业学院(现西安科技大学)开始开设“矿山通风与安全”专业,成为我国第一批开设矿山安全类专业的高校
1958	北京劳动干部学校升格为北京劳动学院(现首都经济贸易大学),开设“工业安全技术”和“工业卫生技术”本科专业
1981	国务院批准北京市劳动保护科学研究所为我国首批“安全技术与工程学”硕士学位授予单位

续表

年份	发展情况
1983	我国成立"中国劳动保护科学技术学会"
1986	建成安全工程学科专业学士、硕士、博士三级学位教育体系
1989	"劳动保护科学(安全科学)"在《中国图书馆分类法》(第三版)中与环境科学并列为 X 类，并在第四版中修订为"安全科学"
1991	创办国内外第一个以安全科学命名的《中国安全科学学报》一级学术刊物
1992	在国家标准 GB/T 13745—1992《学科分类与代码》中，"安全科学技术"被定为一级学科(代码 620)
1997	人事部与劳动部共同颁布《安全工程专业中、高级技术资格评审条件(试行)》，在我国 34 种工程技术人员职业中单列安全工程师专业技术职务
2002	建立了注册安全工程师执业资格制度
2006	安全工程获批成为工程硕士培养的一个新领域；《国家中长期科学和技术发展规划纲要》明确公共安全为重点规划领域
2011	安全科学与工程学科获批增设为一级学科，成立临时学科评议组
2014	国务院学位委员会成立第一届安全科学与工程学科评议组
2016	全国第四轮学科评估，安全学科接受考核
2017	国务院学位委员会委托安全科学与工程学科评议组开展全国范围内的安全学科研究生课程体系建设情况调研
2018	国务院学位委员会委托安全科学与工程学科评议组编写安全学科研究生核心课程指南
2022	《"十四五"国家安全生产规划》提出，加快专业人才培养，加强安全科学与工程及相关学科建设，创新卓越安全工程师培养模式，培育一批既懂技术又懂管理的安全生产复合型人才；按程序和标准筹建应急管理类大学；加强安全科学与工程专业技术领军人才和青年拔尖人才培养，建设一批创新人才培养基地，造就一批高端安全科技创新人才
2022	《"十四五"国家应急体系规划》提出：构建人才集聚高地。加强专业人才培养。建立应急管理专业人才目录清单，拓展急需紧缺人才培育供给渠道，完善人才评价体系。依托应急管理系统所属院校，按程序和标准筹建应急管理类大学，建强中国消防救援学院

在安全工程专业发展之路上，离不开各位学者的努力。以刘潜、范维澄、张来斌等为代表的学者在安全工程专业发展上做出突出贡献。

刘潜教授，《中国安全科学学报》创办人及第一任主编，中国安全科学的开创者之一，中国劳动保护科学技术学会具体组建人之一，中国安全科学开创者和倡导者。刘潜教授提出了安全科学，并于 1997 年执笔，第一次提出了关于"安全科学与工程"应单列为一级学科、专业的调研报告，对促进我国安全工程专业的发展起到了积极推动的作用；创建了中国安全学科理论及其科学技术体系结构模型，为安全系统学派的形成在理论上和思想上奠定了基础。

中国工程院范维澄院士，清华大学公共安全研究院院长、国务院学位委员会“安全科学与工程”一级学科首届评议组召集人，在公共安全领域具有深厚的造诣。他致力于推动公共安全学科的发展，提升国家应对突发事件的能力，主要研究方向为火灾动力学演化与防治技术，公共安全科技中的监测监控、预测预警、人员疏散、应急救援的理论与技术及其综合集成。

中国工程院张来斌院士，长期从事油气生产系统及装备安全科学与工程理论、方法和技术研究工作，在油井管损伤检测、油气生产大型动力机组故障诊断及油气生产系统风险评估和早期预警方面做出了创新性成绩，推动了中国在该领域的技术进步；在油气安全科学与工程研究这一领域，张来斌所研发的检测诊断技术、油气站场动力机组精确诊断预警技术等方面取得了整体上达到国际先进、部分达到国际领先的科技成果。

1.3.2 专业现状

现代安全工程涉及多个领域，如建筑、交通、能源等，需要综合运用各种技术和手段以保障人们的生命财产安全。因此，安全工程专业在发展过程中逐渐形成了综合性强的特点。安全工程借助于科学的方法和技术预测和控制事故风险，提高工程项目的安全性。同时，安全工程还需要进行全面、系统的规划、设计、施工、运营和管理，以确保安全措施的有效性和可持续性。经统计，开设安全工程专业的高等院校类型很多，已涉及军工、航空、化工、石油、矿业、土木、交通、能源、环境、经济等领域。安全工程专业的课程设置通常包括安全系统工程、安全管理学等核心课程以及相关的实验和实践环节。通过系统学习和实践训练，培养学生具备解决安全工程领域复杂问题的能力以及终身学习和适应发展的能力。

安全学科是一门具有交叉性质的学科，其研究内容包罗万象。应急管理与安全学科之间存在着密切的、相辅相成的关系，是聚焦于特定领域应用与支撑基础理论学科的关系。自 2018 年国务院成立应急管理部以来，国内许多高校纷纷组建应急管理与安全工程学院，将安全工程专业的研究范围从最初的安全生产拓展到自然灾害、公共卫生、社会安全等多个领域，学生的“大安全观”也得到强化。

国外的安全类专业在不同的大学中归属院系不同，有在管理学院、工学院、社会科学学院等院系，授予的学位有理学学士、文学学士等。而在我国，教育部颁布的《普通高等学校本科专业目录（2025 年版）》中，安全工程专业为工学门类专业。我国的安全工程专业大部分设置在安全工程学院、能源学院、资源与安全工程学院、矿业工程学院、化工学院、环境学院等工科性质比较明显的院系，这也反映了我国安全工程的工科特性。

当前我国安全工程专业发展还面临着许多挑战，随着时代的发展，我国安全生产事故频发，类型多样，亟需改进安全生产的方式方法和评价体系。虽然我国安全工程专业学生的教育规模迅速增长，但传统的人才培养模式已不能适应新时代和社会的发展需要，这使得对学生创新能力的培养更加突出和紧迫。安全工程专业迫切需要结合国家重大战略安排和“一流学科”的建设需求，着力培养安全工程专业学生的创新能力，为国家安全生产不断培养创新型人才。

安全工程专业主要培养掌握安全科学、安全技术、安全管理的基础知识和基本技能，具备专门从事安全工程设计、研究、检测、评价、检查和管理等工作能力的高级工程专业人才。我国安全工程专业毕业生的就业去向范围广泛，主要从事安全技术及工程、安全科学与研究、安全监察与管理、安全健康环境检测与监测、安全设计与生产、安全教育与培训等方面的工作。毕业生可以在企事业单位及政府从事安全技术、安全管理或安全评价工作，亦可从事应急管理、风险控制、灾害预防、保险等工作，或到科研院所、高校从事相关的科研和教学工作，还有很大一部分毕业生选择了考研或者留学来继续深造。

同时，安全工程毕业生可考取注册安全工程师、注册消防工程师等资格证书。其中，注册安全工程师主要负责进行安全工程设计、施工和管理，确保工程项目在设计、建设和运营过程中的安全性和可靠性；注册消防工程师可从事消防技术咨询、消防安全评估、消防安全管理、消防安全技术培训、消防设施检测、火灾事故技术分析、消防设施维护、消防安全监测、消防安全检查等消防安全技术工作。

参考文献

[1] 周世宁，林柏泉，沈斐敏．安全科学与工程导论 [M]．徐州：中国矿业大学出版社，2007.

[2] 吴超，杨冕，王秉．科学层面的安全定义及其内涵、外延与推论 [J]．郑州大学学报（工学版），2018，39 (3)：1-4＋28.

[3] 吴超．安全科学方法学 [M]．北京：中国劳动社会保障出版社，2011.

[4] 国家统计局．中华人民共和国 2023 年国民经济和社会发展统计公报 [N]．人民日报，2024-

03-01.

[5] 朱义长．中国安全生产简史［M］．北京：应急管理出版社，2021.

[6] 吴超，黄玺，王秉．大安全视域下智慧安全城市的基础理论研究进展与展望［J］．中国安全生产科学技术，2022，18（5）：5-10.

[7] 吴超．新时期安全科技的学科结构及专业设置研究［J］．安全，2021，42（8）：30-36.

[8] 孙华山，吴超，刘潜，等．再论在《授予博士、硕士学位和培养研究生的学科、专业目录》中设立“安全科学与工程”一级学科［J］．中国安全科学学报，2006，16（10）：56-66.

[9] 中华人民共和国．关于印发《学位授予和人才培养学科目录（2011年）》的通知［EB/OL］．（2011-03-08）［2024-07-30］．http：//www.moe.edu.cn.

[10] 阳富强，黄宝娇，黄宗侯，等．安全工程专业课程思政“五维一体”建设路径探索［J］．化工高等教育，2024，41（3）：149-156.

[11] 阳富强，李鑫，余龙星．安全科学与工程硕士生培养的SWOT分析及对策［J］．化工高等教育，2023，40（2）：15-20+81.

第2章

安全科学与工程的有关概念

“安全科学与工程”是安全科学基础理论与安全工程技术以及两者的实践相结合的学科、专业和范畴的总称。安全科学与工程的应用领域涉及社会文化、公共管理、行政管理、检验检疫、消防、土木、矿业、交通等种种行业和事业乃至人类生活的各个领域。作为一门综合性交叉学科，安全科学与工程涉及的名词种类繁多，本章从安全与危险、事故的概念和分类分级、危险源与风险、其他术语四个方面来重点阐释安全科学与工程的相关术语。

2.1 安全与危险的概念

2.1.1 安全

安全作为安全科学与工程这门学科的核心概念，对于阐述学科本质、彰显学科外延有着十分重要的意义。然而，安全学科属于综合性交叉学科，安全科学的研究者从不同领域的视角解读，各有不同的表述，见表2-1。

表2-1 不同研究者对安全的表述

研究者	对安全的表述
刘潜	安全是人的身心免受外界因素危害的存在状态(或称健康状况)及其保障条件
傅贵	安全是人类从事生产、生活等各种活动过程中实现生命、健康、财产损失、工作效率和达到工作目的的活动
吴超、王秉	安全是指一定时空内理性人的身心免受外界危害的状态
何学秋	安全是事物主体在某限度内受损伤的状态，安全状态是相对的，危险状态是绝对的
魏俊杰等	安全是一定环境下系统免受不可接受的风险的状态

续表

研究者	对安全的表述
Leveson	安全是无事故发生，事故是涉及意外和不可接受的损失的事件
Lowrance、Aven	安全与低风险以及可接受风险有关，风险越低，安全性越高，反之亦然。可以通过参考可接受的风险来确定安全性

根据研究的范围不同，安全可分为安全生产、生产安全、职业安全、公共安全等，下面分别阐述其含义。

① 安全生产　安全生产是指通过人-机-环的和谐运作，使社会生产活动中危及劳动者生命和健康的各种事故风险和伤害因素始终处于有效控制的状态。

② 生产安全　生产安全侧重于生产系统在运行过程中保持的稳定、可控、无事故的物理状态和技术状态。因此“生产安全”比“安全生产”的含义要“窄”很多，但其研究或涉及的范围却是十分明确的，能够在工作中实际应用。根据本章第二节按人的意志对事故发生的作用对事故进行的分类，生产安全只涉及第二类事故，并且生产安全完全不涉及第一类事故；如果能够完全确定事故为由自然因素引起，那么生产安全也不涉及第三类事故，因为在其灾后重建过程中，政府安全生产监督管理系统一般仅起辅助作用，并非主管部门。

③ 职业安全　职业安全是指以防止职工在职业活动过程中发生各种伤亡事故为目的的工作领域及在法律、技术、设备、组织制度和教育等方面所采取的相应措施。

我国没有严格规定职业安全所涉及的范围，但国际上规定与工作密切相关性（work-related）的事故或者伤害属于职业安全。从美国职业安全与健康管理局（Occupational Safety and Health Administration，OSHA）、美国矿山安全与健康管理局（Mine Safety and Health Administration，MSHA）、美国劳工部统计局（Bureau of Labor Statistics，BLS）的统计表中可以看出，不与工作相关的伤害或者健康损害不是职业安全涉及的范围。

实际上，尽管明确了职业安全的定义，但在实际应用过程中尚不明确。例如，哪些伤害与工作相关，伤害、损害是发生在哪些人的身上等，还得依靠行政规定才能确定。因此，职业安全的定义也具有一定的行政（规定）色彩，将其称为半科学概念是比较合适的。

④ 公共安全　公共安全对应的英文词语是 public safety，它实际上是 public safety and health（公共安全与健康）的简称，定义为研究或者涉及社会上一切事故的学科、工作领域或者工作活动。它广泛涉及社会上发生的一切

事故，包括经济安全，学习、生产和工作场所安全，环境安全，公共卫生安全，没有固定的事故类别范围、地理或行政边界。公共安全是一个广义的范畴，涵盖了整个社会的安全体系。

2.1.2　危险

危险是指可能造成人员伤亡、职业病、财产损失、环境破坏的根源或状态。从安全领域来定义危险，是指材料、物品、系统、工艺过程、设施或场所对人发生的不期望的后果超过了人们的心理承受能力。

危险的特征在于事故发生的可能性、安全条件以及危险概率。危险概率则是指危险转变为事故的可能性，即频度或单位时间危险发生的次数。危险的严重度或者伤害、损失或危害的程度则是指每次危险发生时导致的伤害程度或损失大小。

2.2　事故的基本概念

2.2.1　事故的定义

事故的定义随着人类对事故认识程度逐渐完善。在事故的种种定义中，伯克霍夫（Berckhoff）的定义较著名。他认为，事故是个人或集体在为实现某种意图而进行的活动过程中突然发生的、违反人的意志的、迫使活动暂时或永久停止或者迫使之前存续的状态发生暂时或永久性改变的事件。事故的含义包括：

① 事故是一种发生在人类生产、生活活动中的特殊事件，人类的任何生产、生活活动过程中都可能发生事故。

② 事故是一种突然发生的、出乎人们意料的意外事件。由于导致事故发生的原因非常复杂，往往包括许多偶然因素，因而事故的发生具有随机性。

③ 事故是一种迫使进行中的生产、生活活动暂时或永久停止的事件。事故中断、终止人们正常活动的进行，必然给人们的生产、生活带来某种形式的影响。因此，事故是一种违背人们意志的事件，是人们不希望发生的事件。

事故的定义随着损失量的变化而变化，如图 2-1 所示的支点的位置，还可无限放大“事故”的内容。

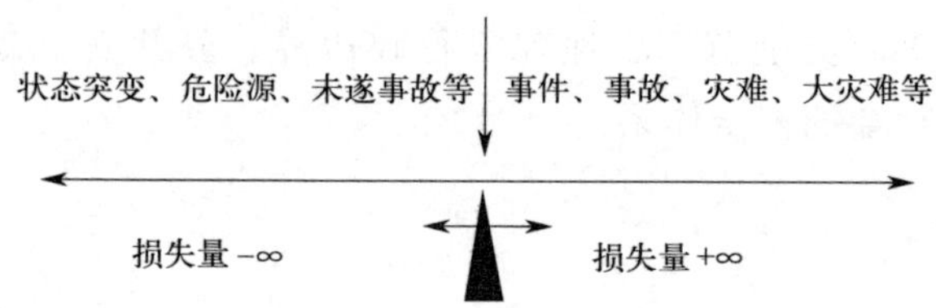

图 2-1　事故的定义随损失量的变化而变化

2.2.2　事故的范围

事故的范围较为广泛，不同行业和领域对事故范围的划分有所差异。在工业生产领域，包括设备故障事故、工艺操作事故和电气事故；在交通运输领域，包括道路交通事故、铁路交通事故、水上交通事故和航空交通事故；在公共安全领域，包括火灾事故、爆炸事故、拥挤踩踏事故和恐怖袭击事故；在职业健康领域，包括职业病危害事故和职业安全事故。

2.2.3　事故的分类与分级

（1）按照人的意志分类

根据人的意志对事故发生的作用，可将事故大致分为三类。第一类事故是人为主动策划、操控出来的，如越境事件、社会治安事件等。第二类事故是由人类各种业务、生活活动带来或者造成的给人带来损失的事件，如交通事故等。第三类事故是自然灾害，英文为 natural disaster，其发生原因主要是人类无法控制的自然界运动，如地震、风灾等。

（2）按照内容范围和主要损失类型分类

在我国经常使用的事故概念还有安全生产事故、生产安全事故、公共安全事故、职业安全事故等，它们是指不同内容范围的事故。生产安全事故是指我国政府安全生产监督管理系统（由国家级直至区县级的安全生产监督管理机构组成的一个行政系统，下同）涉及、管理的事故。《中华人民共和国安全生产法》（2021 年）规定的生产安全事故，是指生产经营单位在生产经营活动（包括与生产经营有关的活动）中突然发生的，造成人身伤亡或者直接经济损失，导致原生产经营活动（包括与生产经营活动有关的活动）暂时中止或永远终止的意外事件。安全生产事故是泛指的事故，没有确定的范围。公共安全事故涵盖的范围更为广泛，边界也更加模糊，难以用明确的界限去界定。职业安全事故在我国没有严格的范围界定，在美国则是指在工作时间、工作场所由工作原因引起的事故，职业安全事故与工作密切相关。

除此以外，还可以按照事故的主要损失类型把事故分为人身事故（人员的安全健康受到损害）、经济事故（经济受损失）、环境污染事故或突发环境事件（带来环境破坏）、质量事故（质量不合格）、安保事故（人的生命与健康受损害）等。

(3) 按照事故等级分类

按照安全事故所造成的损失量的大小，由轻微到严重依次是未遂事故、过错或惊吓（即危险迹象，near misses）、可能引起事故及没有造成损失的事件(incident)、事故（accident）、灾难（disaster）、灾害或者大灾难（catastrophe）等。我国政府安全生产监督管理系统所管理的生产安全事故有法定的分级规定。

为了便于生产安全事故的调查和处理，2007 年 4 月颁布的国务院令第 493 号《生产安全事故报告和调查处理条例》中，把生产安全事故分为四个级别，分别是特别重大事故、重大事故、较大事故和一般事故。只要生产安全事故造成的死亡人数、重伤人数、经济损失量其中之一确定，该生产安全事故就可以划分到对应的级别，见表 2-2。

表 2-2　生产安全事故分级

事故类别	死亡人数 X/人	重伤人数 Y/人	直接经济损失 Z/元
特别重大事故	$X\geqslant30$	$Y\geqslant100$	$Z\geqslant1$ 亿
重大事故	$10\leqslant X<30$	$50\leqslant Y<100$	5000 万$\leqslant Z<1$ 亿
较大事故	$3\leqslant X<10$	$10\leqslant Y<50$	1000 万$\leqslant Z<5000$ 万
一般事故	$X<3$	$Y<10$	$Z<1000$ 万

注：摘自《生产安全事故报告和调查处理条例》(国务院令〔2007〕第 493 号)。

(4) 按照事故发生的行业和领域分类

按照事故发生行业和领域，可将事故分为十类。

① 工矿商贸事故：从事生产经营活动中发生的造成人身伤亡或者直接经济损失的生产安全事故。

② 火灾事故：常规的火灾事故（不含森林、草原火灾）。

③ 道路交通事故：全部道路交通事故。

④ 铁路交通事故：铁路机车车辆在运行过程中与行人、机动车、非机动车、牲畜及其他障碍物相撞，或者铁路机车车辆发生冲突、脱轨、火灾、爆炸等影响铁路正常行车的事故。

⑤ 水上交通事故：中华人民共和国沿海水域和内河通航水域发生的水上交通事故及中国籍船舶在境外水域发生的水上交通事故。

⑥ 民航飞行事故：在公共航空运输过程中，自登上航空器准备飞行起，直至到达目的地离开航空器为止发生的与该航空器运行有关并导致人员伤亡或财产损失的事故。

⑦ 农业机械事故：各统计单位所辖区域内的国有、集体和个体全部农林牧副渔业生产单位，由农业机械发生的生产安全事故。

⑧ 渔业船舶事故：各海区渔政渔港监督管理机构和内陆水域各省级渔政监督管理机构辖区内发生的渔业船舶水上事故。

⑨ 房屋建筑及市政工程事故：房屋建筑和市政基础设施工程中发生的生产安全事故。

⑩ 特种设备事故：因特种设备本身或外在（人为）因素导致特种设备爆炸、损毁、失效、缺陷、故障而造成人员伤害、财产损失或者重大影响的突发事件。

(5) 按照事故原因分类

《企业职工伤亡事故分类》（GB 6441—1986）将事故分为以下 20 类：物体打击、车辆伤害、机械伤害、起重伤害、触电、淹溺、灼烫、火灾、高处坠落、坍塌、冒顶片帮、透水、放炮、瓦斯爆炸、火药爆炸、锅炉爆炸、容器爆炸、其他爆炸、中毒和窒息、其他伤害。见表 2-3。

表 2-3　企业职工伤亡事故分类

序号	事故分类	解释
1	物体打击	落物、滚石、撞击、破裂、崩块、砸伤，不包括爆炸引起的物体打击
2	车辆伤害	企业机动车辆在行驶中引起的人体坠落和物体倒塌、下落、挤压伤亡事故，不包括起重设备提升、牵引车辆和车辆停驶时发生的事故
3	机械伤害	包括绞、碾、割、戳等伤害，但属于车辆、起重设备的情况除外
4	起重伤害	各种起重作业引起的机械伤害，不包括触电、检修时制动失灵引起的伤害和上下驾驶室时引起的坠落式跌倒
5	触电	电流流过人体或人体与带电体之间发生放电引起的伤害，包括雷击、触电
6	淹溺	各种作业中落水及非矿山透水引起的溺水伤害，适用于船舶、排筏、设施在航行、停泊、作业时发生的落水事故

续表

序号	事故分类	解释
7	灼烫	火焰烧伤、高温物烫伤、化学灼伤、射线引起的皮肤病等，不包括电烧伤及火灾引起的烧伤
8	火灾	造成人员伤亡的企业火灾事故，不适用于非企业原因造成的火灾
9	高处坠落	包括由高处落地和由平地入地坑，但排除以其他类别为诱发条件的坠落
10	坍塌	建筑物、构筑物、堆置物倒塌及土石塌方引起的事故。适用于因设计或施工不合理而造成的坍塌，不适用于矿山冒顶片帮及爆炸、爆破引起的坍塌事故
11	冒顶片帮	矿山开采、掘进及其他坑道作业发生的顶板冒落、侧壁垮塌
12	透水	适用于矿山、地下开采及其他坑道作业时因涌水造成的伤害，适用于井巷与含水岩层、地下含水带、溶洞或被淹巷道、地面水域相通时涌水成灾的事故，不适用于地面水害事故
13	放炮	由放炮作业引起的，包括因爆破引起的中毒
14	瓦斯爆炸	包括瓦斯、煤尘与空气混合形成的混合物的爆炸，适用于煤矿，空气不流通，瓦斯、煤尘积聚的场合
15	火药爆炸	火药与炸药在生产、运输和储藏过程中的意外爆炸
16	锅炉爆炸	适用于工作压力在 0.07MPa 以上、以水为介质的蒸汽锅炉爆炸。不适用于铁路机车、船舶上的锅炉以及列车电站和船舶电站的锅炉
17	容器爆炸	包括容器的物理爆炸和化学爆炸
18	其他爆炸	凡不属于上述爆炸的事故，可燃性气体、蒸气、粉尘等与空气混合形成的爆炸性混合物的爆炸；炉膛、钢水包、亚麻粉尘的爆炸等
19	中毒和窒息	适用于职业性毒物进入人体引起的急性中毒、缺氧窒息性伤害，不适用于病理变化导致的中毒和窒息事故、慢性中毒的职业病导致的死亡
20	其他伤害	上述范围之外的伤害事故，如冻伤、扭伤、摔伤、野兽咬伤、钉子扎伤等

在事故类别划分过程中，必须参照标准中的起因物和致害物。当多原因共存时，应以先发的、诱导性原因作为分类依据，并在分类时突出事故的专业特征，以保证事故类别划分的统一性和正确性。

(6) 国外对事故的分类

欧美国家将职业安全事故分为致命、非致命（分为损工、非损工）等级别；根据事故的直接原因，可将事故分为不安全物态引起的事故（此类事故又可以分为物理、化学、生物机制引起的三种事故）、不安全动作引起的事故等。

2.3 危险源、隐患和风险的概念

2.3.1 危险源与重大危险源

(1) 危险源的概念与分类

《职业健康安全管理体系 要求及使用指南》(GB/T 45001—2020)中，把危险源定义为：可能导致人身伤害和(或)健康损害的根源、状态或行为，或其组合。危险源一般分为两类：

第一类是由能量或有害物质所构成的危险源，如快速行驶车辆具有的动能、高处重物具有的势能，以及声、光、电能等，是事故发生的根源。

第二类是包括人的不安全行为或物的不安全状态以及监管缺陷等在内的危险源，即危险源定义中的不安全的状态、行为，可造成约束能量或有害物质的屏障失效，导致能量或有害物质的失控。

例如，煤气罐中的煤气就是第一类危险源；煤气的罐体及其附件的缺陷以及使用者的违章操作等为第二类危险源。

依据国家标准《生产过程危险和有害因素分类与代码》(GB/T 13861—2022)，危险源分为四大类，见表 2-4。

表 2-4 危险源分类

危险源类别	小类
人的因素	心理、生理、行为、动作性危险和有害因素
物的因素	物理、化学、生物性危险和有害因素
环境因素	室内、室外和地下作业场所环境不良
管理因素	职业安全卫生的组织机构、责任制、管理规章制度、安全投入、职业健康管理欠缺

危险源也可按导致职业病的因素进行分类，对应《职业病分类和目录》(国卫职健发〔2024〕39 号)中规定的 12 类职业病，见表 2-5。

表 2-5 12 类职业病

类别	举例
职业性尘肺病(肺尘埃沉着病)及其他呼吸系统疾病	矽肺、电焊工尘肺、过敏性肺炎等

续表

类别	举例
职业性皮肤病	接触性皮炎、化学性皮肤灼伤等
职业性眼病	电光性眼炎、化学性眼部灼伤等
职业性耳鼻喉口腔疾病	噪声聋、爆震聋、铬鼻病等
职业性化学中毒	铅及其化合物中毒、苯中毒、硫化氢中毒等
物理因素所致职业病	中暑、手臂振动病、激光所致眼损伤等
职业性放射性疾病	放射性肿瘤、放射性甲状腺疾病等
职业性传染病	森林脑炎、艾滋病(限于医疗卫生人员及人民警察)等
职业性肿瘤	石棉所致肺癌、间皮瘤，联苯胺所致膀胱癌等
职业性肌肉骨骼疾病	腕骨综合征(限于长时间腕部重复作业或用力作业的制造业工人)、滑囊炎(限于井下工人)
职业性精神和行为障碍	创伤后应激障碍(限于参与突发事件处置的人民警察、医疗卫生人员、消防救援等应急救援人员)
其他职业病	金属烟热，股静脉血栓综合征、股动脉闭塞症或淋巴管闭塞症(限于刮研作业人员)

同理，危险源的分类也可以按照引起事故的因素进行，《企业职工伤亡事故分类》(GB 6441—1986) 中将事故分为物体打击、车辆伤害等 20 类，危险源也就是 20 类。显然，按照职业病、事故因素进行分类时，没有考虑心理行为、管理方面的危险源，因此不够全面。

(2) 重大危险源

根据 2021 年修订的《中华人民共和国安全生产法》的定义，重大危险源是指长期地或者临时地生产、搬运、使用或者储存危险物品，且危险物品的数量等于或者超过临界量的单元（包括场所和设施）。

依据《危险化学品重大危险源辨识》(GB 18218—2018) 的定义，危险化学品重大危险源是指长期地或临时地生产、储存、使用和经营危险化学品，且危险化学品的数量等于或超过临界量的单元。单元分为生产单元与储存单元，生产单元按照切断阀来判断，储存单元根据防火堤来判断。

重大危险源分级指标 R 是指单元内各种危险化学品实际存在量 (q) 与其相对应的临界量 (Q) 比值，经校正系数 (α、β) 校正后的比值之和 R。

$$R=\alpha\left(\beta_1\frac{q_1}{Q_1}+\beta_2\frac{q_2}{Q_2}+\cdots+\beta_n\frac{q_n}{Q_n}\right)$$

式中　　R——重大危险源分级指标；

α——该危险化学品重大危险源厂区外暴露人员的校正系数；

β_1，β_2，…，β_n——与每种危险化学品相对应的校正系数；

q_1，q_2，…，q_n——每种危险化学品实际存在量，t；

Q_1，Q_2，…，Q_n——与每种危险化学品相对应的临界量，t。

根据计算出的 R 值确定重大危险源的级别，分级如表 2-6 所示。

表 2-6 重大危险源级别与 R 值的对应关系

重大危险源级别	R 值
一级	$R \geqslant 100$
二级	$50 \leqslant R < 100$
三级	$10 \leqslant R < 50$
四级	$R < 10$

2.3.2 隐患

(1) 事故隐患

安全生产事故隐患（以下简称事故隐患），是指生产经营单位违反安全生产法律、法规、规章、标准、规程和安全生产管理制度的规定，或者因其他因素在生产经营活动中存在可能导致事故发生的物的危险状态、人的不安全行为和管理上的缺陷。

隐患一词最初的含义是隐藏的祸患，而安全生产领域所指的隐患是人的不安全行为、物的不安全状态或管理上的缺陷。之所以把人的不安全行为、物的不安全状态或管理上的缺陷称为隐患，是因为“隐”字体现了潜藏、隐蔽，“患”即祸患、不好的状况，而无论是人的不安全行为，还是物的不安全状态，都是导致事故发生的小概率事件。因此，相对于事故而言，它们都是藏而不露、不易为人们所重视的，但若得不到治理就会导致事故发生。如上面危险源的概念与分类中的例子，煤气的罐体及其附件的缺陷以及使用者的违章操作等就属于隐患。

事故隐患分为一般事故隐患和重大事故隐患。一般事故隐患，是指危害和整改难度较小，发现后能够立即整改排除的隐患。重大事故隐患，是指危害和整改难度较大，应当全部或者局部停产停业，并经过一定时间整改治理方能排除的隐患，或者因外部因素影响致使生产经营单位自身难以排除的隐患。

(2) 危险源与隐患的区别和联系

危险源是潜在的引发事故的因素，强调根源性和潜在性，是事故发生的本质因素。它侧重于对可能引发事故的潜在因素进行识别和分析，关注潜在因素本身所具有的危险性和潜在的危害后果。而隐患侧重于现实存在的问题和缺陷，是引发事故的直接原因。它强调的是生产经营活动中已经存在的、可能导致事故发生的不安全因素。

隐患与危险源相互作用，共同影响事故发生的可能性和严重性。没有危险源，就不存在能量或危险物质的意外释放，也就不会产生可能导致事故发生的不安全因素。若只存在危险源而无隐患，也不会触发危险源导致事故发生。

2.3.3 风险

(1) 关于风险的概念和计算

风险（risk）是事故发生的可能性及其后果的乘积，它是危险源危险程度的衡量。也可以说风险是一种不确定性（uncertainty），危险源的不确定性可用危险程度衡量。

风险有多种计算方法，典型的计算公式有 $R=PC$、$R=f(P,C)$ 以及 $R=f(P,C,E)$。式中，R（risk）为风险值，无量纲；P（probability）为危险源导致事故发生的可能性（概率）；C（consequence）为事故所造成的后果即损失率，常用经济损失来表示；E（exposure）为与危险源的接触概率，目前尚无法计算；f（function）为一种抽象的函数关系。P 和 C 都很难得到。于是，人们通常根据过去的事故统计得到事故发生的频率和事故损失率，用它们代替 P 和 C，并代入公式 $R=PC$，从而计算出或者估计出 R 的数值。$R=PC$ 是一种很简单的乘法运算，而 $R=f(P,C)$ 以及 $R=f(P,C,E)$ 并未具体给出计算方法，所以这两个公式事实上无法使用，只是一种含义表达。

上述公式表示的是危险源的绝对风险值的计算方法，实际很少使用。多数情况下应用的是相对风险，即人为地规定事故发生的可能性、损失大小等级，计算得到一个危险源的风险值，确定风险值的等级，以此为基准，再确定其他危险源的相对风险值，以估计其他危险源的危险程度。

(2) 风险矩阵

在进行某一个具体过程（process）或者某一个危险源的危险性评价（risk assessment）时，常用到风险矩阵，这是风险管理最明确、最常见的应用。由于不同的主体对风险的承受能力不同，其对于风险的认识也不一样，例如同样100万元等级的经济损失，小型私企可能将事故严重性归于不可接受，而大型企业则可能将其归于可以容忍，因此不同主体应根据实际情况定义合适的风险等级以及形成对应的风险矩阵。其中，事故发生可能性、损失严重程度的分级及风险值的分级标准可自行确定，建议最多分5级。

图2-2所示是一个风险矩阵的应用例子。风险矩阵的第一列是事故发生的可能性（P），图中分为很可能（$P=4$）、可能（$P=3$）、不可能（$P=2$）、根本不可能（$P=1$）四个级别；第一行是事故可能造成的损失大小（即危险性，用损失率C表示），即事故损失的严重性，图中分为轻微损失（$C=1$）、中等损失（$C=2$）、严重损失（$C=3$）三个级别。事故发生的可能性和严重性的乘积（交点的值）便可衡量该危险源的危险程度，即根据风险值的大小来判断该危险源的危险程度。图中定义$R=12$最危险、$R=6\sim9$危险、$R=2\sim4$较危险、$R=1$安全，以此来评价某个危险源或者某个过程的危险程度，并根据相应的级别采取措施。

C / P (PC)	1	2	3
1	1	2	3
2	2	4	6
3	3	6	9
4	4	8	12

图例

安全

较危险

危险

最危险

图2-2　风险矩阵

2.4　其他术语

2.4.1　系统安全

中国著名学者钱学森认为：系统是由相互作用和相互依赖的若干组成部分结合而成的、具有特定功能的有机整体，而且这个“系统”本身又是它所从属的一个更大系统的组成部分。

系统安全是指在系统寿命周期的所有阶段，以使用效能、时间和成本为约束条件，应用工程和管理的原理、准则、技术，使系统获得最佳的安全性。

2.4.2　可靠性

可靠性是指机器、机器的零部件或设备在规定的条件下和规定的期限内执行规定的功能且不出现故障的能力。

系统或系统中的一部分不能完成预定功能的事件或状态称为故障或失效。系统的可靠性越高，发生故障的可能性越小，完成规定功能的可能性越大。

2.4.3　本质安全

本质安全是指通过设计等手段使生产设备或生产系统本身具有安全性，即使在误操作或发生故障的情况下也不会造成事故的功能。本质安全强调内在、本质、固有的事故预防能力，具体包括失误-安全（误操作不会导致事故发生或自动阻止误操作）、故障-安全（设备、工艺发生故障时还能暂时正常工作或自动转变安全状态）功能。

按照国家标准《爆炸性环境 第 1 部分：设备 通用要求》（GB 3836.1—2021）、《爆炸性环境 第 18 部分：本质安全系统》（GB 3836.18—2017）所述，专供煤矿井下使用的防爆电气设备分为隔爆型、增安型、本质安全型等。本质安全型电气设备的特征是其全部电路均为本质安全电路，即在正常工作或规定的条件下产生的电火花和热效应均不能点燃规定的爆炸性气体或其混合物的电路。也就是说该类电气设备不是靠外壳防爆，也不是靠充填物防爆，而是靠其自身的、只产生不引起爆炸事故的低能量火花的电路防爆。引申到企业，本质安全型企业就是主要靠企业本身（含其员工行为、管理体系、企业文化等），而不是靠外界监管等外部条件来预防事故的企业。

参考文献

[1] 刘潜．安全科学和学科的创立与实践［M］．北京：化学工业出版社，2010.

[2] 傅贵．傅贵教授解析“安全基本术语”［J］．安全，2018，39（6）：1-40.

[3] 王秉，吴超．安全文化学［M］．北京：化学工业出版社，2018.

[4] 何学秋．安全科学基本理论规律研究［J］．中国安全科学学报，1998（2）：8-12.

[5] 魏俊杰，王戈，刘明举．安全的定义探析［J］．中国安全科学学报，2019，29（6）：13-18.

[6] Leveson N. A new accident model for engineering safer systems［J］．Safety Science，2004，42

(4)：237-270.

[7] Lowrance W W. Of acceptable risk：Science and the determination of safety [J]. Journal of the American Statistical Association，1976，123 (11)：373c.

[8] Aven T. Safety is the antonym of risk for some perspectives of risk [J]. Safety Science，2009，47 (7)：925-930.

[9] 傅贵，杨春，董继业．安全学科的重要名词及其管理意义讨论 [J]. 中国安全生产科学技术，2013，9 (6)：145-148.

[10] 李毓强．环境安全制约原理的理论与实践（下）[J]. 石油规划设计，2002，13 (3)：1-6.

[11] 沈斐敏．安全系统工程理论与应用 [M]. 北京：煤炭工业出版社，2001.

[12] 姜伟，佟瑞鹏，傅贵．安全科学与工程导论 [M]. 北京：中国劳动社会保障出版社，2016.

[13] 钱学森，许国志，王寿云．组织管理的技术——系统工程 [J]. 上海理工大学学报，2011，33 (6)：520-525.

第3章

安全科学与工程学科体系

安全科学与工程学科是一门典型的综合性交叉学科，近年来，随着安全科学领域研究的不断深入，现已形成较为完善的学科体系。本章从安全科学与工程的学科简介、学科内涵、学科分类和其他安全学科体系四个方面展开对安全科学与工程学科体系的介绍。

3.1 安全科学与工程学科简介

安全科学与工程将人类生产、生活活动中的安全问题视为核心研究对象，以事故预防、风险管控和安全保障为三大核心目标，是一门深度融合多学科知识的综合性交叉学科。在研究范畴上，安全科学与工程的覆盖范围极为广泛，几乎涵盖了人类活动的所有关键领域。在工业生产领域，无论是矿山开采、化工制造，还是建筑施工，该学科都致力于识别潜在风险，保障生产活动安全进行；在公共安全领域，它聚焦于城市安全、大型活动安保等场景，为民众营造安全的生活环境；在应急管理方面，它研究如何高效应对自然灾害、公共卫生事件等突发事件，提升社会的应急响应能力；在交通运输领域，从道路交通安全到航空航天安全，都离不开该学科的技术与理论支持；在环境保护领域，它关注生态安全与污染防控，助力实现绿色可持续发展。

为达成系统解决各类安全风险的目标，安全科学与工程综合运用科学理论、技术方法和管理手段。在科学理论层面，通过深入研究事故致因机理、风险演化规律，构建起完善的安全科学理论体系，为实践提供坚实的理论基础；在技术方法方面，研发火灾爆炸防控、职业危害治理、应急救援等一系列关键技术，不断提升安全保障的技术水平；在管理手段上，建立安全生产标准化、安全评价、隐患排查等科学管理体系，推动安全管理的规范化与系统化。

安全科学与工程学科对于保障人类生命财产安全与社会可持续发展有着不可替代的作用。从微观层面看，它能有效减少工业事故、交通事故等造成的人员伤亡与经济损失，守护无数家庭的幸福；从宏观层面讲，它为国家的稳定发展筑牢安全基石，促进经济、社会与生态的协调共进。无论是保障工业生产的高效运转，还是提升公共安全的整体水平，该学科的研究成果都在持续发挥着巨大的社会效益，为人类社会的长远发展保驾护航。

3.2 安全科学与工程学科内涵

3.2.1 研究对象

安全科学与工程属于综合交叉学科，其研究对象可以从安全科学与安全工程的内涵得以体现。安全科学是研究减少或减弱危险有害因素对人身安全健康等的危害、设备设施等的破坏、环境社会等的影响而建立起来的知识体系，为揭示安全问题的客观规律提供安全学科理论、应用技术理论和专业基础理论。安全工程是研究在具体领域中保障安全运用的技术、工程、管理等方法、手段和措施，为人们在生产和生活中有效防范和应对安全问题提供保障。安全科学与工程的应用领域涉及建筑、能源、资源、材料、环境、化工、轻工、土木、矿业、冶金、交通、运输、航空航天、机电、食品、生物、农业、林业、城市、检验检疫、消防、公共卫生、行政管理等行业，乃至人类生活的各个领域，并相互交叉。

3.2.2 研究内容

安全科学与工程学科的研究内容是研究发生事故的原因（即发生机理或规律）和预防事故的手段。其中，事故的发生、发展规律是安全科学与工程学科的基础科学（事故致因理论），预防事故发生的各种手段是安全学科的应用科学。安全科学与工程学科的基础理论是以物理、化学、数学、生物、人文、社会科学为基础组合起来形成的事故致因理论（预防事故的基础）。安全科学与工程学科的基础科学、应用科学部分都可以根据事故致因理论分为若干部分。

事故的直接原因可以分为事故引发者的不安全动作和不安全物态两个方面，因此事故原因和预防手段的研究也分为两条路线：第一条路线是事故原因、组织行为、事故引发者个人的习惯性行为与不安全动作；第二条路线是事故原因、组织行为、事故引发者个人的习惯性行为与不安全物态。这两条路线分别形成安全科学与工程学科研究内容的子类，即安全管理和安全工程（见图 3-1）。事故原因、组织行为、习惯性行为的研究是两条事故预防路线都必须进行的，事故单位的组织行为（包括安全文化、管理体系）、事故引发者的个人习惯性行为既影响技术方面，也影响管理方面，所以它们是两条事故预防路线中都需要研究的，但主要在第一条路线中研究，两者相互交叉。

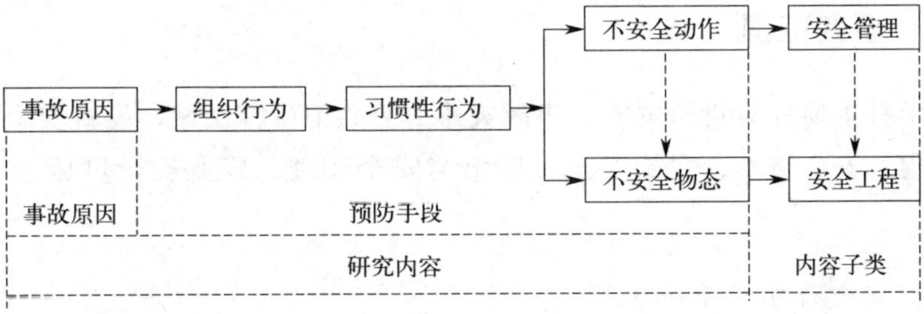

图 3-1　安全科学与工程学科的研究内容[1]

3.2.3 研究方法

安全科学与工程综合交叉的学科特点，决定了其研究方法具有复杂性和多样化。在不断吸收和借鉴相关学科领域研究成果的同时，安全学科研究方法也在不断发展、创新和完善，逐渐形成了本领域独特的研究方法：

① 通过大量观察、系统实验及规律总结，综合系统论、运筹学、概率与数理统计、可靠性工程等理论方法，基于定性分析和定量分析相结合的模式，在经验体系基础上进行演绎和归纳形成安全科学规律和系统工程原理；

---

[1] 姜伟，佟瑞鹏，傅贵，编．安全科学与工程导论［M］．北京：中国劳动社会保障出版社，2016.

② 通过对危险源的辨识和评价，采用实验研究、理论分析和数值模拟相结合的方法，发展针对灾害事故的监测、预测、预防、预警、应急等关键技术及其集成方法，实现控制风险与减少事故损失；

③ 综合互联网+、控制论、信息论等，研究智能科学、智能管理与智能技术多维度预防安全事故发生的方法，通过系统流程分析、建模仿真、大数据挖掘、风险评价等，达到智能安全目的；

④ 综合运用管理科学方法和应急技术手段，增进系统安全与应急管理效能，通过人为干预和影响，达到系统预防、控制事故与减少损失；

⑤ 通过大量观察、统计、实验、实习等，综合医学、公共卫生学、作业环境管理学、人机工程学、职业卫生管理学等，形成相应的科学理论，从而预防和控制职业病。

3.2.4 研究范围

本学科主要针对自然灾害、事故灾难、公共卫生等领域，设置安全科学与系统工程、安全技术、智能安全、应急与安全管理、职业安全健康五个二级学科。

(1) 安全科学与系统工程

研究人们在生产和生活中生命和健康得到保障，身心与相关设备、财产以及事物免受危害，分析人、设备、管理等系统要素的相关性和环境适应性，揭示安全的科学规律并建立相应的基础理论。主要研究方向包括：安全科学原理、公共安全理论与方法、安全管理学、风险评估理论与管理方法、灾害演化动力学、安全行为科学、安全心理学、安全系统优化理论与方法、安全人机工程、系统可靠性评估、人因工效评估等。

(2) 安全技术

安全技术是为人们在生产生活中生命和健康得到保障，身体及设备、财产不受到损害，提供直接和间接的技术保障。主要研究方向包括：安全防护技术和装备、灾害探测与控制工程、安全评价技术、安全检测与监控技术、安全信息技术、新能源安全防控技术、社会安全与智治、检验检疫、消防技术及工程、爆炸防治技术、城市公共安全工程、矿山安全技术、交通安全技术、化工安全技术、建筑安全工程、职业卫生工程等。

(3) 智能安全

智能安全是安全理论、技术与工业互联网、大数据、云计算、区块链、人工智能、数字孪生等新一代信息技术在安全生产和灾害事故防治等公共安全领域的深度融合，利用智能科学、智能技术与智能管理等防范化解重大安全风险和治理重大灾害事故，实现安全风险隐患的精准感知、超前预警和灾害事故的智能防治、高效救援。主要研究方向包括：工业互联网＋安全，安全智能监测，风险智能评估与预警，安全大数据，智慧安全监察，安全智能巡检，灾害智能控制与处置，智慧应急救援等。

(4) 应急与安全管理

应急与安全管理为灾害事故的预防与应急准备、监测预警、救援处置和恢复重建等管理实践提供理论支撑，利用计划、组织、指挥、协调、控制等管理理念和方法，在法律制度、组织管理、技术发展和教育培训等方面采取综合措施，来预防、避免和减少人员伤亡、财产损失和社会影响。主要研究方向包括：安全管理理论与方法，安全风险评估，安全与应急心理行为，应急决策与指挥，应急处置与救援，安全规划与韧性建设，安全与应急法律法规，安全与应急标准认证，安全与应急监察审计等。

(5) 职业安全健康

职业安全健康是认识职业安全健康机制和规律，研究环境毒理与职业危害及其管理等理论和方法，为职业危害因素的辨识、科学评价、危害防控技术研究等提供理论基础和工程技术及管理的支持。主要研究方向包括：安全健康法律法规，安全健康毒理学，职业病统计学，职业卫生管理学，职业伤害和职业疾病的孕育、发展机理，职业健康危害的预防、控制和综合决策，安全卫生工程技术，个体防护等。

3.3　安全科学与工程学科分类

安全学科目前在我国主要存在三个不同的分类系统，教育部的《普通高等学校本科专业目录（2025 年）》《研究生教育学科专业目录（2022

年）》，科技部的《学科分类与代码》（GB/T 13745—2009）都是学科分类系统。在不同的分类系统中，安全学科的名称分别是“安全工程”“安全科学与工程”“安全科学技术”。本节先阐述教育部关于安全学科的分类，后阐述科技部的分类。

3.3.1 普通高校本科专业分类

根据教育部印发的《普通高等学校本科专业目录（2025年）》，安全科学与工程的本科层次专业主要分为安全工程、应急技术与管理、职业卫生工程、安全生产监管、智慧应急五个专业，如图3-2所示。

3.3.2 学位授予与人才培养分类

《研究生教育学科专业目录（2022年）》把我国所有的学科分为14个门类，各门类下又设有一级学科，工学门类的代码是08，安全学科单列为一级学科（原仅是矿业工程下的二级学科），成为工学门类下的第37个一级学科，名称为安全科学与工程，代码为0837，如图3-3所示。

3.3.3 国家学科标准分类

中华人民共和国国家标准《学科分类与代码》（GB/T 13745—2009）于2009年11月1日正式实施。该标准将所有学科分为自然科学、农业科学、医药科学、工程与技术科学和人文与社会科学五大门类，其中“工程与技术科学（代码为410-630）”门类，安全学科被列为其下的一级学科，名称为“安全科学技术”，代码为620。安全科学技术由安全科学技术基础学科、安全社会科学、安全物质学、安全人体学、安全系统学、安全工程技术科学、安全卫生工程技术、安全社会工程、部门安全工程学科、公共安全和安全科学技术其他学科共11个二级学科组成，二级学科下又设置了52个三级实质性学科（见图3-4）。可以看出，其中的一些二级学科名称与具体研究内容表述不太明确。该项标准为推荐标准，可以酌情参照执行，而教育部发布的学科目录属于强制性文件，必须予以遵循。

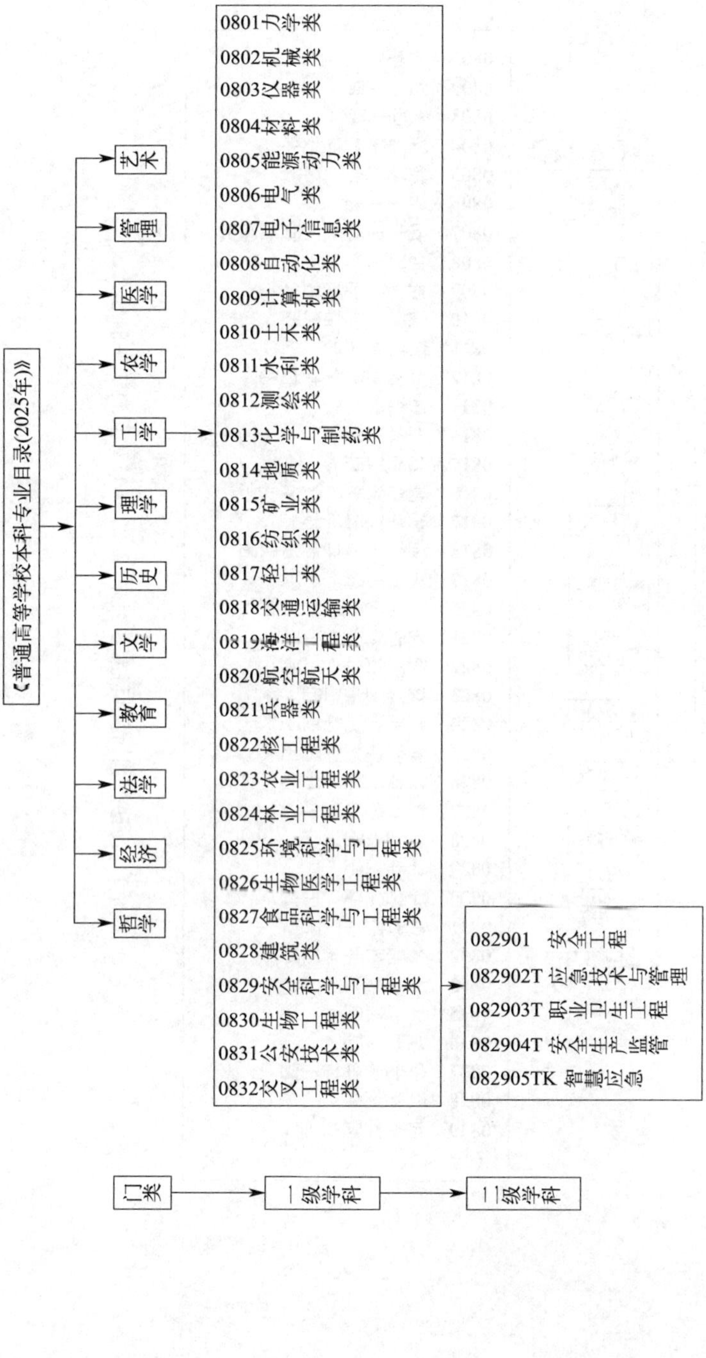

图 3-2　《普通高等学校本科专业目录(2025 年)》对安全学科的分类

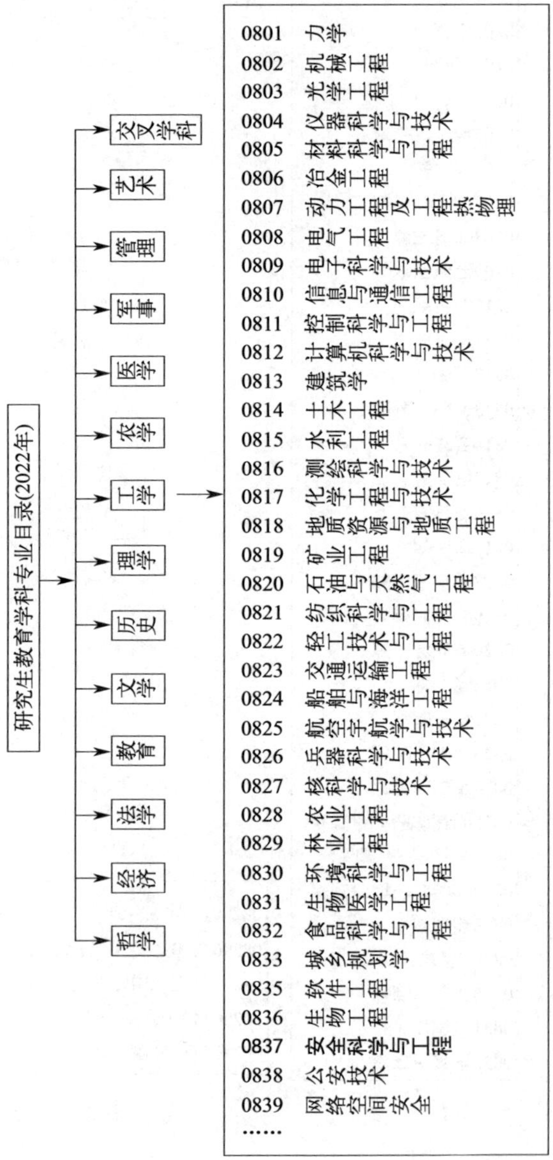

图 3-3 《研究生教育学科专业目录（2022 年）》对安全学科的分类

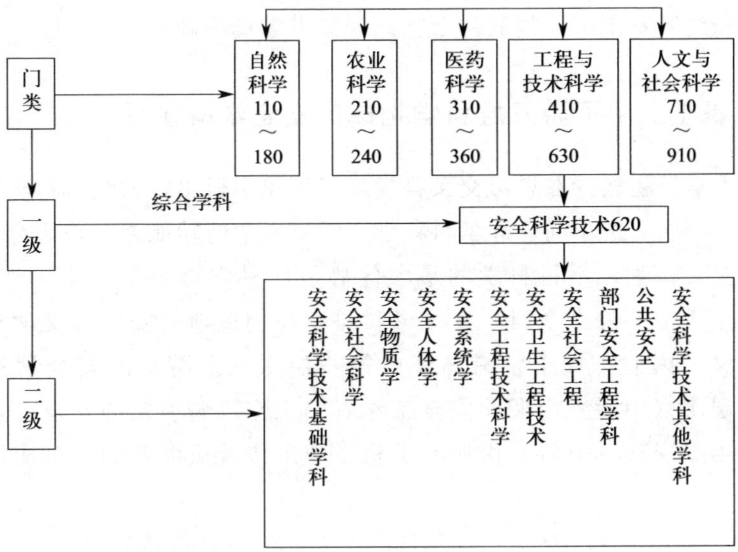

图 3-4　安全科学技术学科分类

3.4　其他安全学科体系

3.4.1　基于哲学-基础科学-应用科学分类的安全学科体系

我国安全科学的创立者刘潜基于哲学—基础科学—应用科学的传统学科知识分类的思路，构建安全学科模型。这个模型实际上等同于一个安全学科体系。模型表明：安全科学的横向理论层次为哲学层次（安全哲学，其桥梁是安全观）、基础科学层次（安全学）、技术科学层次（安全工程学）、工程技术层次（安全工程）。这个横向理论层次既是安全哲学到安全工程方向的实践认识，又是安全工程到安全哲学方向的理论升华。安全学科的四个纵向分支学科是安全人体学（人的因素）、安全设备学（物的因素）、安全社会学（人与物关系的因素）、安全系统学（三要素内在联系的因素）。这四个纵向分支学科各自表现在基础科学、技术科学和工程技术三个层次上，并形成安全学科专业教育的三个层次，即培养安全科学基础理论研究人才的教育、培养安全技术科学研究人才的教育、培养侧重各类行业安全技术与管理工程人才的教育。同时，安全学科体系的构建，也为进一步发展和完善安全科学理论研究及中、高级安全工程师的培养和注册安全工程师的社会实践等提供学科基础。

3.4.2 基于上中下游三层科学构成的安全学科体系

中南大学吴超教授在思考交叉科学发展规律中得出，大交叉科学比“非交叉”科学多一层上游学问，即学科科学，学科科学的功能之一是研究、发展和创造新的交叉科学，学科科学的最大优势是使科学得到低成本的快速发展。安全学科是大交叉综合学科，安全学科科学在创造新的安全分支学科中具有重要的意义。因此，安全学科体系的第一层次（上游）由安全学科科学组成，第二层次（中游）由职业安全工作者的工作范畴涉及的安全专业科学技术组成，第三层次（下游）由所有学科专业工作者所涉及的安全应用科学技术组成。

3.4.3 基于广义安全模型的安全学科体系

广义安全模型是从安全科学的高度和大安全的视角，运用系统工程的原理和方法，通过特定的匹配关系，分别表征人群与机群相互作用关系、安全科学体系内学科关系、安全科学与其他学科关系，从而构成的具有特定功能有机体系和安全学科体系。

3.4.4 基于五大类型知识的安全学科体系

安全是人类的共同需求，构建安全学科体系的主要目的是人类的安全，因此安全学科体系首先需要涉及的内容是安全生命科学；防灾减灾等需要自然科学知识的支撑，安全学科体系明显也需要；人类在生存发展过程中营造了大量的人造工程和制品，在制造、生产、利用、享受和报废这些人造工程和制品中，需要涉及安全技术；人类的安全需要接受安全教育和获得安全知识，国家社会的安全和生产生活的安全都需要接受安全法律法规和安全管理等的约束，这些都属于安全社会科学；人类生命、自然系统、人造系统和社会系统组成了一个庞大的巨系统，保障系统的安全自然需要安全系统科学。根据上述五大类安全知识，可构建出一套完整的安全学科体系。

参考文献

[1] 傅贵．安全科学学及其应用探讨［J］．安全，2019，40（2）：1-10.
[2] 姜伟，佟瑞鹏，傅贵，编．安全科学与工程导论［M］．北京：中国劳动社会保障出版社，2016.
[3] 段瑜，张开智，主编．安全工程导论［M］．北京：冶金工业出版社，2018.
[4] 刘潜，著．安全科学和学科的创立与实践［M］．北京：化学工业出版社，2010.
[5] 吴超．安全学科体系构建综述研究［J］．安全，2019，40（1）：7-13.
[6] 吴超，黄浪，贾楠，等．广义安全模型构建研究［J］．科技管理研究，2018，38（1）：250-255.
[7] 国家自然科学基金委员会工程与材料科学部，编．安全科学与工程学科发展战略研究报告 2015—2030［M］．北京：科学出版社，2016.

第 4 章

安全科学与工程人才培养体系

人才培养方案是涉及整个学科体系的问题，安全专业的人才培养方案需要参考安全科学方法论来构思和设计。安全专业人才培养与专业的属性密切相关，其课程体系就需要具有系统的特征，如目的性、系统性等。根据安全学科的交叉综合属性，安全专业培养方案应该是随着时间纵度、世界宽度的安全科学发展的，有利于掌握安全科学通用理论的，能够造就具有系统综合分析解决安全问题能力人才的；课程体系应该联系本科、硕士、博士等多个培养阶段综合考虑。本章将从安全学科的概论出发，依次介绍安全学科本科、硕士、博士各个培养阶段的综合体系。

4.1 本科生培养体系

安全工程专业主要培养从事工贸、建筑、机电、交通、地铁、商厦、石油化工、航空航天等部门的灾害防治、职业健康、通风除尘、消防设计、安全检测与监控、安全评价、安全监察与管理、安全科学与研究、安全规划与设计、安全教育与培训等方面的应用型高级专业人才。本专业学制四年，可授予工学、管理学学士学位。

4.1.1 培养目标

本专业针对我国经济发展中的安全生产问题，培养具有扎实理论、工程等知识，具备过硬研究和工程实践能力，拥有浓厚家国情怀、较高人文素养和可持续发展素质以及一定国际视野，能够从事工贸、建筑、交通、石油化工、航空航天等部门的安全管理、安全培训、安全技术开发、安全科学研究等工作的德智体美劳全面发展的高素质拔尖专业人才。要求学生系统掌握安全科学与技术、职业卫生与健康、安全评价与管理等专业知识，具有较强专业实践、创新、获取新知识、社会交往和组织管理等能力。毕业后可在政府机构、消防机构、建筑公司、安全咨询机构、设计院所、科研单位等从事安全技术与管理及科学研究工作。学生毕业五年左右能够成长为具备国家注册安全工程师素质和技能的专业技术与管理骨干。

4.1.2 毕业要求

本专业按照“以德为先、全面发展、面向未来、追求卓越”的指导方针培养安全工程专业人才，从通识教育、学科教育、专业教育和个性化教育等四个方面出发，提升学生的综合素养，拓展学生的知识广度和深度，增强学生的专业学习能力、工程实践能力、沟通协调能力、创新创业能力和国际竞争能力，为社会源源不断地输送大批德智体美劳全面发展的高素质拔尖专业人才。安全科学与工程类教学质量国家标准详见附录。安全工程专业毕业要求可分为素质、知识、能力三大类，具体要求及分类详见表 4-1。

表 4-1　安全工程本科毕业要求及其具体描述

序号	毕业要求	具体描述	备注
1	品德修养	具有坚定正确的政治方向、良好的思想品德和健全的人格，热爱祖国，热爱人民，拥护中国共产党的领导	素质要求
		具有正确的世界观、人生观、价值观	
		具有科学精神、人文修养、职业素养、社会责任感和积极向上的人生态度，了解世情国情党情民情，践行社会主义核心价值观	
2	工程知识	掌握数学的基本原理和相关知识，能够就工程问题建立方程并求解	知识要求
		掌握物理、化学等自然科学的基本原理和相关知识，能够就工程问题进行求解或分析，选择正确方法，对所研究的对象进行合理优化	
		掌握机械、电工、信息技术等工程基础知识和基本原理，能对设备故障进行分析判断	
		掌握流体力学、安全科学原理、安全系统工程等基本理论和基本技能，能够运用相关的专业知识分析和解决安全领域出现的复杂工程问题	

续表

序号	毕业要求	具体描述	备注
3	问题分析能力	掌握数学基本原理和计算机应用基本知识，能够对工程问题进行初步分析判断	知识、能力要求
		掌握物理、化学等自然科学的基本原理，能够对工程问题进行正确分析	
		能够根据所学安全工程的基本理论、技术和方法，识别、判断和表述安全领域的复杂工程问题	
		能够结合文献研究和实践观测获得分析复杂安全工程问题的有效结果的能力	
4	设计/开发解决方案能力	具有一定的创新意识和创新思维，并将其应用于解决工程实践中的复杂安全问题	知识、能力要求
		能够分析复杂安全工程实践应用的特定需求，确定具体的工程设计目标	
		能够根据具体安全工程问题选取适当的理论、技术手段和方法并确定设计及实施方案	
		能够在社会、健康、安全、法律、文化以及环境等因素的约束下对工程设计及技术方案进行可行性评价和优化	
5	研究能力	掌握安全系统的特点、组织结构和各要素之间关系的基本规律，具备对复杂安全工程问题进行研究的基本知识和能力	知识、能力要求
		能够利用专业理论设计针对特定复杂安全工程问题的可行实验方案	
		能够通过计算机模拟、实验验证、文献综述等信息综合手段，以获得合理有效的结论	
6	使用现代工具能力	掌握文献检索及运用现代信息技术获取相关信息的基本方法，能够通过专业资料数据库、期刊文献等渠道了解安全领域的新理论和前沿技术进展	知识、能力要求
		能够针对复杂安全工程问题开发、选择和使用恰当的技术、资源、计算机信息技术及其他现代工具进行预测分析，并理解其适用范围	
7	工程与社会知识	了解国家安全生产的政策、法律法规、标准，熟悉安全与健康相关的方针、政策	知识要求
		能够正确认识安全工程实践以及复杂安全工程问题解决方案对社会、健康、安全、法律以及文化的影响，并理解应承担的责任	
8	环境和可持续发展	了解安全工程和环境、社会可持续发展的关联性，理解复杂安全工程问题中的安全生产实践对环境、社会可持续发展的影响	素质要求
		能根据环境、社会可持续发展原则评价制定合理的安全设计方案	

续表

序号	毕业要求	具体描述	备注
9	职业规范	理解中国可持续发展的科学发展道路，具有较好的人文社会科学素养	素质要求
		具有较强的社会责任感以及正确劳动价值观和良好劳动品质	
		理解安全工程实践中应遵循的职业道德和规范，并能在安全生产实践中严格遵守并履行责任	
10	个人和团队	具有团队合作精神或意识，能够与团队成员有效沟通和协作	能力、素质要求
		基于自身角色及所处团队的实际情况，能够在多学科团队中承担不同角色	
11	沟通能力	能够就复杂安全工程问题，以撰写报告和设计文稿、陈述发言、回应指令等形式清晰表达观点	能力、素质要求
		具有良好听说读写本专业外语资料的能力，形成一定的国际视野	
		能够与业界同行、社会公众以及在跨文化背景下进行沟通和交流	
12	项目管理	能够理解和掌握安全工程实践中的工程管理原理与经济决策方法	知识要求
		在安全工程实践过程中，能够发现并了解工程管理与经济决策问题，能够将安全管理原理与经济决策方法应用于多学科环境中	
13	终身学习	具有自主学习和终身学习的意识，能够及时消化吸收相关知识	素质要求
		具有自主学习和终身学习的能力，不断学习和跟踪最新安全工程专业知识以适应社会发展需要	

4.1.3 课程体系

本专业的核心课程包括安全系统工程、安全人机工程、安全管理与法规、安全学原理、流体力学、燃烧学、消防工程学、安全检测与监控技术、安全评价技术、职业卫生与防护、电气安全工程、工业通风与防尘、特种设备安全、化工安全技术等。

本专业培养方案采用“通识教育＋学科教育＋专业教育＋个性培养”的人才培养模式（即 1＋1＋2 培养模式）。在大学一、二年级主要学习通识教育课和学科教育课，从大学二年级开始修习相关专业方向的课程。专业培养方案的课程体系详见表 4-2。

表 4-2　安全工程专业课程体系

<table>
<tr><td rowspan="5">必修课</td><td rowspan="3">通识教育必修课</td><td colspan="3">自然科学基础：编程语言（Python、C 语言、C＋＋等）</td></tr>
<tr><td rowspan="2">人文社会科学基础</td><td>政治理论课</td><td>思想道德与法治、中国近现代史纲要、马克思主义基本原理、毛泽东思想和中国特色社会主义理论体系概论、习近平新时代中国特色社会主义思想概论、形势与政策等</td></tr>
<tr><td colspan="2">大学英语、军事理论、体育</td></tr>
<tr><td colspan="4">学科基础必修课：安全科学与工程导论、高等数学、概率论与数理统计、线性代数、大学物理、普通化学、工程制图、机械设计基础、工程力学、电工学等</td></tr>
<tr><td colspan="4">专业必修课：安全学原理、安全系统工程、安全人机工程、安全管理与法规、流体力学、燃烧学、安全检测与监控技术、消防工程学、安全评价技术、化工安全技术、特种设备安全、工业通风与防尘、电气安全工程、职业卫生与防护、建筑施工安全等</td></tr>
<tr><td rowspan="5">选修课</td><td colspan="4">专业选修课：安全工程专业英语、安全工程数值模拟、应急救援技术及管理、安全心理与行为学、安全信息学、物流安全、矿山安全、安全经济学、安全教育与培训、火灾动力学基础、新能源火灾安全、传热传质学基础等</td></tr>
<tr><td rowspan="2">通识教育选修课</td><td colspan="3">自然科学与工程技术类、人文社会科学类</td></tr>
<tr><td colspan="3">文学与艺术类、创新创业类</td></tr>
<tr><td rowspan="2">个性培养课程</td><td colspan="3">创新创业实践与素质拓展课：安全工程新技术与实践</td></tr>
<tr><td colspan="3">跨学科课程</td></tr>
<tr><td>集中性实践环节</td><td colspan="4">课程设计、认识实习、生产实习、社会实践、工程训练、军事训练、思政原著导读和思政课实践等</td></tr>
<tr><td>毕业环节</td><td colspan="4">毕业实习、毕业设计（论文）</td></tr>
</table>

安全工程的核心课程体系，是为了应对复杂多变的安全挑战而精心设计的。它不仅涵盖了安全科学的基础理论，还深入探索了各类安全技术的应用与实践，旨在为学生提供一套全面、系统且实用的知识体系。通过这些核心课程的学习，学生将能够掌握识别、评估、预防及应对各类安全风险的方法与技能，为未来的职业生涯奠定坚实的基础。安全工程专业核心课程介绍详见表 4-3。

表 4-3　安全工程核心课程及其介绍

序号	课程名称	课程简介
1	安全学原理	本课程是安全工程专业必修课，涵盖安全基本概念、特征，以及安全科学的体系、历史、意义、指导思想、价值观、认识论、方法论、社会与经济原理。学习本课程旨在树立正确安全观，运用科学方法指导安全研究、学习与工作，贯彻“安全第一，预防为主，综合治理”方针，为后续专业学习打下基础
2	安全系统工程	本课程为安全工程专业必修课，运用系统工程原理识别、分析、评价及控制系统危险，优化工艺、设备、生产及资金等，以达最佳安全状态。内容涵盖系统工程理论、事故致因理论、系统安全分析方法、安全决策与控制措施。学习后，学生将树立安全系统观，掌握基础理论与方法，能指导安全生产、分析事故及制定预防措施，为后续课程打下基础
3	安全人机工程	本课程为安全工程专业必修课，研究人、机械及环境间相互作用，旨在优化人-机-环境系统性能。内容包括人体特征、感知智能、运动反应、心理创造等及其工程应用，以降低疲劳、提升舒适性；工作场所与信息装置设计，以提高效率；环境安全设计，以降低职业危害。学生将掌握人机系统总体设计，实现效率、健康、安全与舒适的统一，为后续课程提供“安全与高效”指导，为安全工程提供理论支撑，并了解人工智能在安全领域的发展方向
4	安全管理与法规	本课程重点讲授企业安全生产中的法律法规与安全管理理论、方法，以《中华人民共和国安全生产法》为核心，明确各方责任，培养安全法治意识，运用法规优化安全问题。通过学习安全管理原理、事故预防技术及具体方法，解决实际安全问题，提出防范措施。课程旨在培养学生坚定政治方向、良好品德、健全人格及正确三观，同时运用所学分析隐患、做出正确决策，践行社会主义核心价值观，确保安全生产
5	流体力学	本课程为安全工程专业基础必修课，流体力学研究流体状态及其与固体、其他流体及运动形态的相互作用。课程旨在让学生掌握流体静力学、动力学基础、管流与阻力计算、孔口出流等，熟悉相似原理和量纲分析，了解缝隙流动和气体一元流动。通过学习，培养学生管路计算与设计能力，为后续学习打下基础，并提升自学与查阅资料能力
6	消防工程学	本课程为安全工程专业核心课，专注于火灾爆炸事故，涵盖燃烧、爆炸理论，易燃物特性，建筑及生产场地火灾预防，火灾探测、报警与灭火技术等。要求学生辨识火灾爆炸原因，设计预防控制方案。通过教学，使学生了解建筑火灾特点，熟悉消防技术标准，掌握相关系统基本理论和方法，培养工程实践能力，为后续实践、设计打下基础。同时，传承消防员精神，培养科学精神、职业素养和家国情怀。学习前需具备普通化学、电工学、机械设计等基础知识

续表

序号	课程名称	课程简介
7	燃烧学	本课程为安全工程专业必修课,深入讲解可燃物的着火、灭火及燃烧机理,包括燃烧的化学与物理基础、火灾烟气、着火与灭火理论等。通过教学,使学生掌握火灾基本规律,培养具有坚定信念、社会责任感、扎实基础及分析消防安全问题能力的高素质燃烧领域人才,为后续课程学习奠基。学习前需具备高等数学、大学物理、普通化学等基础知识
8	安全检测与监控技术	本课程为安全工程专业必修课,涵盖传感器类型、原理,数据处理,误差分析,危害因素检测技术,无损检测及安全检测与监控系统等。课程旨在:使学生掌握传感器及危害因素检测方法,能选择合适设备及参数,具备误差处理与数据分析能力;掌握安全检测与监控系统原理,能分析工程问题并设计实施系统;应用所学搭建预测模型,解决复杂安全问题,提出解决方案,并了解预测方法的局限性
9	安全评价技术	本课程为安全工程专业必修课,旨在实现工程、系统安全。通过应用安全系统工程原理,辨识与分析危险、有害因素,评估事故及职业危害可能性与严重程度,为防范措施与管理决策提供依据。课程内容包括危险辨识方法、评价单元划分、安全评价方法、安全措施制定及报告编写等。学习后,学生将掌握安全评价理论与方法,具备危害辨识、事故分析及预防措施制定能力,为后续学习及工作打下基础
10	化工安全技术	本课程为安全工程专业必修课,针对化学工业火灾、爆炸及有毒有害等主要危险,介绍化工特点、危险化学品分类及储运安全,阐述燃烧、爆炸机理及防火防爆措施,同时探讨化工生产中的安全问题及预防措施。课程旨在全面分析化工事故特点、原因及预防控制对策,解决具体安全问题,使毕业生具备化工安全生产技术与管理的基础知识,保障生产安全。学习前需掌握普通化学、物理化学等相关基础知识
11	特种设备安全	本课程为专业课提供基础,内容涵盖法律法规、工作原理、基础知识、安全管理等,使学生了解锅炉、压力容器等特种设备的重要性,掌握其安全技术及潜在危险预防措施。通过学习,学生将具备压力类特种设备安全理论知识,熟悉安全设计、管理及检测等环节,掌握设备分类、结构、工作原理等,提高解决安全问题的技能。同时,掌握起重机械、电梯等机电类特种设备的相关知识,能初步分析事故发生机理,提高安全管理水平和技术应用水平,确保设备安全运行,降低事故
12	工业通风与防尘	本课程为安全工程专业必修课,专注于工业通风与防尘,旨在有效控制粉尘和有害有毒气体,保障室内外环境卫生及人员健康。课程目标包括:掌握全面通风原理及局部通风系统构成,能计算通风量;熟悉局部排风罩形式,掌握其工作原理,能选择合适排风罩;了解颗粒物特性、除尘器效率和机理,掌握常见除尘器原理及适用条件,能选择合适除尘器;掌握通风管道压力分布和水力计算,具有设计通风管道的能力

续表

序号	课程名称	课程简介
13	电气安全工程	本课程为安全工程专业必修课，涵盖触电、电气系统故障、静电危害及雷电灾害事故的预防。课程目的包括：了解电流对人体作用，掌握预防电击方法，分析电击危险性；掌握电气系统故障预防技术，提出静电危害安全措施，计算避雷针保护半径；了解电气安全管理重要性及标准，掌握电工安全用具使用
14	职业卫生与防护	本课程为安全工程专业必修课，以职业病防治法及标准为指导，涵盖职业卫生病理、毒理、个体防护及管理。课程重点讨论职业病模式、危害因素、检测技术、防护管理，并介绍最新成果。旨在培养学生科学精神、人文素养、职业素养等，以及对工业环境有害因素的分析判断与预防治理能力，践行保护人民健康安全的价值观

4.1.4　专业创新实践体系

（1）教学科研平台

安全工程本科生具有的不是某一方面的技术能力，而是需要具有指导工程实践和解决实践问题的各种知识和能力，并将其知识和能力融会贯通应用到实践。基于此，各高校在设置实践课程的基础上，均形成了较为完备的教学科研平台，包括国家级、省部级重点实验室，国家级、省部级工程技术研究中心，国家级教学示范中心等平台。开展我国高校安全工程学科重点实验室的研究方向的调查，有利于迅速和准确地了解我国安全科技的前瞻研究领域。部分高校重点实验平台及研究方向详见表 4-4。

表 4-4　国内部分高校安全科学与工程科研平台

平台名称	隶属单位	主要研究方向
化学品安全全国重点实验室	中国石油大学（华东）和华东理工大学	化学品危险特性与致灾机理、化学品过程安全风险防控、事故演化机理与应急处置、化学品安全智能化管控
火灾安全全国重点实验室	中国科学技术大学	火灾动力学演化、火灾防治关键技术、火灾安全工程理论及方法学、公共安全应急理论及方法
爆炸科学与安全防护全国重点实验室	北京理工大学	爆炸物质理论与技术、爆炸冲击与毁伤效应、先进防护材料与结构、爆炸预警与智慧应急、人工智能、信息科学、大数据等技术在爆炸科学与安全防护领域的交叉融合与应用
深部煤矿采动响应与灾害防控国家重点实验室	安徽理工大学	深部煤岩体采动力学响应、深部开采多场耦合灾变机理、煤矿深部采动灾害防控

续表

平台名称	隶属单位	主要研究方向
煤矿灾害动力学与控制全国重点实验室	重庆大学	煤矿灾害动力学、灾害智能预警与控制、煤系气安全开采与控制
煤矿瓦斯治理国家工程研究中心	中国矿业大学	瓦斯地质保障技术、煤与瓦斯共采技术、矿井安全监测监控技术、瓦斯灾害预警技术、煤矿瓦斯利用技术、煤矿救灾技术
公共安全与应急管理教育部工程研究中心	清华大学	风险评估与人员安全、监测预警与韧性城市、综合应急技术与管理、国家安全管理
湖南省深部金属矿产资源开发与灾害控制重点实验室	中南大学	矿岩中应力传输效应与能量耗散规律、高应力脆性岩石动态失稳与防护、爆破的震速和频率对露天边坡的危害控制、硫化矿内因火灾和炸药自爆预测与控制、地下作业面环境设计与控制、化学抑尘剂开发与应用
江苏省粉尘治理与职业防护工程研究中心	中国矿业大学	职业危害检测评价、工业粉尘综合防治、热环境及热害防护技术、高效个体防护装备与技术
应急管理部化工过程安全生产重点实验室	南京工业大学	化工过程介质危险特性鉴别及量化技术、化工过程工艺危险性辨识与安全控制、化工过程高危装置本质安全控制技术和化工过程重大事故防控技术

(2) 学科竞赛活动

学科竞赛在培养大学生创新实践能力、提升指导教师教学水平、推动专业教学改革等方面发挥着积极作用。为深入贯彻落实《关于深化高校创新创业教育改革的实施意见》等系列文件精神，国内许多高校组织发起了与本学科专业紧密相关的全国性大学生学科竞赛，如全国大学生化工设计竞赛、全国大学生机械创新设计大赛、全国高等学校采矿工程专业学生实践作品大赛、全国大学生地质技能竞赛等，这些竞赛极大地激发了不同专业大学生的创新创业创造热情，同时促进了相关专业人才培养模式的改革。安全工程专业学科竞赛详见表4-5。

表4-5　安全工程专业学科竞赛

竞赛名称	全国大学生职业规划大赛	“挑战杯”全国课外学术技术作品竞赛	中国国际大学生创新创业大赛	全国高校安全科学与工程大学生实践与创新作品大赛	全国大学生节能减排社会实践和科技竞赛	全国消防科普作品大赛
参赛内容	考查学生的求职实战能力，个人发展路径与经济社会发展需要的适应度，就业能力与职业目标和岗位要求的契合度	具有创新性的自然科学类学术论文，反映社会热点、解决实际问题的哲学社会科学类报告与论文，或是可展示创新思维的科技发明制作类作品	参赛项目能够紧密结合经济社会各领域现实需求，促进新兴产业转型升级，促进人工智能、数字技术与生活生产各领域深度融合	参赛作品必须与安全科学及工程学科直接相关，符合安全领域事故预防、灾害控制、安全管理、应急技术与管理等主题	参赛作品需紧密围绕节能减排的主题，可以是社会实践调查、科技作品设计或实物制作等，鼓励提出具有创新性和实用性的节能减排方案	参赛作品需围绕给定的结构设计主题进行，如桥梁、建筑等。要求参赛者运用力学、材料学等知识，设计出既美观又实用的结构模型
大赛流程	校赛、省赛、全国总决赛	预赛、复赛、决赛	初赛、复赛、总决赛	选拔赛、初赛、决赛	初赛、复赛、决赛	初赛、复赛、决赛及颁奖典礼
评审与奖项	金奖、银奖、铜奖，以及地方和高校优秀组织奖、优秀指导教师奖等奖项	一等奖、二等奖等	金奖、银奖、铜奖等	一等奖、二等奖、三等奖和优秀奖	特等奖、一等奖、二等奖等	特等奖、一等奖、二等奖、三等奖及单项奖等

（3）专业实习

在安全科学与工程专业的学习旅程中，实习无疑是一座至关重要的桥梁，它连接着理论知识与实践操作，为学生们搭建起通往未来职业生涯的坚实阶梯。实习不仅是对课堂所学知识的深化与拓展，更是将抽象理论转化为具体技能的关键环节。在快速发展的现代社会中，安全科学与工程领域面临着日益复杂的挑战。从工业生产的安全管理到环境保护的严格监控，从建筑项目的风险评估到紧急情况的应急响应，每一个环节都需要高度的专业素养和实践能力。因此，实习成为了培养学生们应对这些挑战、解决实际问题的有效途径。通过实习，学生能够亲身体验到安全科学与工程领域的实际工作环境，了解行业内的最新技术和标准。这些经历不仅有助于学生们提升专业素养，还能培养他们的安全意识、团队协作精神及基本的职业素养。

安全科学与工程专业的实践教学包括认识实习、生产实习和毕业实习三个重要环节。认识实习旨在让学生初步了解行业现状、技术、政策法规及市场需求，通过参观企业和安全监管机构，熟悉职业环境和基本工作流程。生产实习则侧重于增强学生的安全工作意识，加深专业感性认识，提高实践能力，学生将在企业各部门实习，与企业人员紧密合作，同时学校与企业开展合作，提供优秀毕业生推荐和安全技术服务，企业专家也参与专业培养。毕业实习是学生在校期间的最后一次综合性实践，旨在巩固和深化专业知识，提升解决实际问题的能力，学生将在真实工作环境中完成具体的安全工程项目或任务，全方位参与项目管理，学习安全检查与隐患排查方法，编写关键文档，展现实践能力和问题解决能力，同时关注行业动态和技术发展，培养初步的科研和创新能力。

4.2 硕士生培养体系

4.2.1 培养目标

热爱祖国，品行优良，具有良好的科学道德、敬业精神和合作精神。在安全科学与工程学科相关领域或方向具有较扎实的理论基础和全面的专业知识，熟悉国家关于安全工程生产、设计、安全、环境保护等方面的方针、政策和法规，了解安全科学与工程学科发展的现状和未来趋势。比较熟练地掌握英语，能够进行外文文献的阅读和写作。能够从事与安全科学与工程相关的教学研究、工程设计、工艺优化、生产运行、安全管理、事故调查等工作。

4.2.2 学位基本要求

安全科学与工程学科作为公共安全的骨干支撑，涵盖了自然灾害、事故灾难、公共卫生、社会安全等多个领域，其重要性随着经济社会的发展和科技的进步日益凸显。在我国，安全科学与工程学科的教育体系已经相对完善，从硕士学位到博士学位，为培养高水平的安全领域人才提供了坚实的基础。硕士学位作为这一学科领域的重要一环，其基本要求不仅体现了对学生学术素养和专业技能的严格要求，也反映了我国对于公共安全领域人才培养的高度重视。中国学位与研究生教育学会对于我国安全科学与工程学科硕士学位基本要求详见表 4-6。

表 4-6　安全科学与工程硕士学位基本要求

获本学科硕士学位应掌握的基本知识	
基础理论知识	工程数学、力学、传热学、灾害物理化学、燃烧与爆炸学、计算机模拟等
专业知识	安全科学原理、安全工程学、公共安全理论、安全管理学、安全系统工程学、灾害防治理论与技术、安全监测监控、行业安全工程技术、实验知识与实验技能等
获本学科硕士学位应具备的基本素质	
学术素养	从事安全科学与工程学科工作的才智、涵养和创新能力；逻辑思维和推理判断能力；了解学科进展与新动向；了解知识产权、研究伦理等；科学严谨和求真务实的学习态度和工作作风
学术道德	树立正确的世界观、人生观、价值观；加强自身学术道德修养；恪守学术道德规范；科学研究中坚持严肃认真、严谨细致、一丝不苟
获本学科硕士学位应具备的基本学术能力	
获取知识能力	通过学习课程、阅读文献、参与实验和学术团体交流等途径获取安全学科知识和研究方法
科学研究能力	针对具体问题查阅文献，发现科学问题，提出研究方案和技术路线，运用相关理论和方法解决问题
实践能力	从事安全科学研究工作或独立担负专门安全技术与管理工作的能力；熟练掌握实验技能；善于合作
学术交流能力	参加课题探讨、论证、研究活动，与研究者、学习者交流知识、经验、成果；具有较强的沟通和交流能力
其他能力	在不同行业、不同领域背景下具有创新科研能力；具有独立工作能力和组织管理能力等
学位论文基本要求	
规范性要求	根据学位要求和研究方向设置课程；查阅科技文献（50篇以上，外文文献占三分之一以上），做出选题报告，填写《硕士研究生学位论文选题报告》；论文撰写符合标准，符合汉语语法规范；可将核心内容或摘要用英文或其他外文表述；制定硕士学位论文撰写规范
质量要求	硕士学位论文对所研究的课题有新见解或创新性，表明作者具有从事科学研究工作或独立担负专门技术与管理工作的能力；中期检查检查论文进展情况、是否按计划执行等

（1）获本学科硕士学位应掌握的基本知识

本学科硕士生应较好地掌握安全学科领域坚实的基础理论和宽广的专业知

识，了解本学科的发展动态和学科前沿，熟悉本学科领域的新理论、新方法、新技术和新设备，受到独立进行科研及专门技术工作的训练，具有科研创新意识和解决安全工程实际问题的能力；要求掌握一门外语，能比较熟练地阅读本专业的外文资料；能熟练使用计算机及有关安全监测仪器设备；具有健康的体格和心理。

应掌握的基础理论知识包括工程数学、力学、传热学、灾害物理化学、燃烧与爆炸学、计算机模拟等；专业知识包括安全科学原理、安全工程学、公共安全理论、安全管理学、安全系统工程学、灾害防治理论与技术、安全监测监控、行业安全工程技术、实验知识与实验技能等。

(2) 获本学科硕士学位应具备的基本素质

① 学术素养。应具有从事安全科学与工程学科工作的才智、涵养和创新能力，具备逻辑思维和推理判断能力，了解安全科学与工程学科的进展与新动向，勤于钻研，博采众长，努力创新，了解安全科学与工程学科相关的知识产权、研究伦理等方面的知识，具有从事本学科的科学研究、教学或承担专门技术和管理工作的能力。具有良好的质量、环保及安全意识，具有较强的事业心和艰苦奋斗、开拓创新精神，积极为社会主义现代化建设事业服务。具有科学严谨和求真务实的学习态度和工作作风，掌握科学的思想和方法，坚持实事求是、勤于学习、勇于创新，富有合作精神。

② 学术道德。应树立正确的世界观、人生观、价值观，加强自身学术道德修养，恪守学术道德规范，做一个有良知、有道德、有诚信的科研工作者。在科学研究中坚持严肃认真、严谨细致、一丝不苟，遵循学术研究的程序、方法和规范，发挥自己的创造性，出精品力作，推动安全科学与工程学科的繁荣与发展，服务社会安全，保障生产安全。

(3) 获本学科硕士学位应具备的基本学术能力

① 获取知识能力。应通过学习安全科学基础理论课和专业课、阅读安全科技文献、参与实验和学术团体交流等途径，有效获取安全学科专业知识和研究方法，具有自我获取安全科学与工程领域知识的能力。

② 科学研究能力。应针对具体的安全科学技术与管理问题，查阅相关科技文献资料，了解国内外安全行业和领域相关研究前沿动态，能够发现存在的科学问题，在导师的指导下，提出可行的研究方案和技术路线，并运用安全科学相关理论和方法进行解决，具有分析问题、解决问题的科研创新能力。

③ 实践能力。应具有从事安全科学研究工作或独立担负专门安全技术与

管理工作的能力，应用安全科学与工程基本知识解决实际问题或技术开发，熟练掌握本学科相关实验技能，善于与他人和学术团队合作。

④ 学术交流能力。应参加安全学科相关课题的探讨、论证、研究活动，采用讨论、展示等方式，与相关专业的研究者、学习者交流知识、经验、成果，具有较强的沟通和交流能力。

⑤ 其他能力。硕士生应在不同行业、不同领域背景下，具有相应的创新科研能力；应具有独立工作能力和组织管理能力等。

（4）学位论文基本要求

① 规范性要求。

a. 根据学位基本要求和学位授予单位确定的研究方向设置相应的课程。

b. 硕士生在导师指导下，查阅大量科技文献，了解所研究方向的国内、外研究现状，做出选题报告，确定研究课题。查阅科技文献资料一般在 50 篇以上，其中外文文献资料一般在三分之一以上。硕士生的选题报告可公开进行，研究生选题报告通过后，应填写《硕士研究生学位论文选题报告》并交研究生助理存档，并按计划执行。

c. 论文撰写应符合国家及各专业部门制定的有关标准，符合汉语语法规范；可将学位论文核心内容或摘要用英文或其他外文表述。安全科学与工程学科硕士生培养单位应制定出硕士学位论文撰写规范，可根据培养类型提出学位论文题目、摘要与关键词、论文正文、论文结论、参考文献、致谢、附件等相关要求。

② 质量要求。硕士学位论文对所研究的课题应当有新见解或创新性，表明作者具有从事科学研究工作或独立担负专门技术与管理工作的能力。

硕士学位论文工作中期检查可由学科或导师组织，具体检查论文进展情况、是否按计划执行、取得的阶段性成果、存在的问题、与预期目标的差距等。对存在的问题提出具体的解决措施和方案。

4.2.3　课程设置

截至 2024 年 12 月，根据中国研究生招生信息网上公布的最新招生简章以及各高校的招生目录，我国拥有安全科学与工程硕士点单位统计详见表 4-7。

表 4-7　各高校安全学科硕士点情况

序号	单位名称	备注	序号	单位名称	备注
1	清华大学	▲①	33	河海大学	
2	北京交通大学	▲	34	江苏大学	
3	北京航空航天大学	▲	35	中国计量大学	
4	北京理工大学	▲	36	中国科学技术大学	▲
5	北京科技大学	▲	37	安徽理工大学	▲
6	北京化工大学		38	安徽建筑大学	
7	首都经济贸易大学		39	福州大学	
8	中国矿业大学(北京)	▲	40	江西理工大学	
9	中国石油大学(北京)	▲	41	山东科技大学	▲
10	中国地质大学(北京)	▲	42	中国石油大学(华东)	▲
11	煤炭科学研究总院	▲	43	青岛科技大学	▲
12	北京市科学技术研究院城市安全与环境科学研究所		44	青岛理工大学	
13	中国民航大学	▲	45	郑州大学	
14	天津理工大学		46	河南理工大学	▲
15	华北理工大学		47	武汉科技大学	▲
16	石家庄铁道大学		48	武汉工程大学	
17	中国人民警察大学		49	中国地质大学(武汉)	▲
18	中北大学	▲	50	武汉理工大学	▲
19	太原理工大学	▲	51	中南大学	▲
20	大连理工大学	▲	52	湖南科技大学	▲
21	沈阳航空航天大学		53	南华大学	▲
22	东北大学	▲	54	华南理工大学	
23	辽宁工程技术大学	▲	55	重庆大学	▲
24	辽宁石油化工大学		56	西南交通大学	
25	哈尔滨理工大学		57	西南科技大学	
26	黑龙江科技大学		58	中国民用航空飞行学院	
27	华东理工大学		59	贵州大学	▲
28	上海海事大学		60	昆明理工大学	
29	南京理工大学	▲	61	西安建筑科技大学	
30	中国矿业大学	▲	62	西安科技大学	▲
31	南京工业大学	▲	63	长安大学	
32	常州大学	▲	64	兰州理工大学	

①▲表示该单位具有安全学科博士点。

注:黑龙江科技大学建有“煤矿事故应急救援与影响控制”博士特需人才培养项目,可授予安全科学与工程一级学科博士学位,拥有安全科学与工程一级学科博士后科研流动站。

4.3 博士生培养体系

4.3.1 培养目标

热爱祖国，品行优良，具备良好科学道德、敬业与合作精神。掌握深厚安全科学基础理论与宽广专业知识，有较强创新能力，了解学科前沿、现状及趋势，具国际视野。至少掌握 1 门外国语，能熟练阅读外文资料，具备较强论文写作与国际学术交流能力。可在高校、科研机构从事教学科研，或在企事业单位、政府部门从事高层次安全技术开发、安全及应急管理等工作。

4.3.2 学位基本要求

(1) 知识及结构

需具备自然科学（数学、化学等）、通识类（计算机、外语等）、社会科学（经济学、法学等）基础知识，掌握现代科技一般方法及认识论与方法论。系统了解本学科前沿、现状和趋势，善于创新研究。掌握 1～2 门外国语，第一外国语能熟练翻译资料、撰写论文及开展国际交流。

学术型或学术应用型博士生知识结构，纵向需坚实宽广的基础理论和系统深入的专业知识，横向要拓宽相关领域知识，注重综合性、前沿性和交叉性。研究中发挥学科知识核心作用，掌握基础、专门知识及最新动态，结合国际视野调整知识结构，且学术型与学术应用型各有侧重。

(2) 基本素质

① 学术素养。具严谨科学态度与作风、热爱生命的人文关怀，对本学科学术研究有浓厚兴趣，有缜密逻辑思维、较强判断推理决策能力及创新特质。热爱祖国，品德高尚，学风严谨，尊重他人学术成果，能提出创造性观点，揭示安全科学规律。有事业心及艰苦奋斗、创新、协作精神，服务国家建设。

② 学术道德。有献身学科、服务社会的使命感、责任感及人道主义精神，树立正确三观，恪守学术道德规范。具备工程思维，掌握研究方法，善于将事故或灾害信息用于实践。科研中理论联系实际，严谨细致，遵循规范，推动学科发展，服务社会。

（3）基本学术能力

① 获取知识能力。跟踪国际学术前沿，掌握研究方法，通过实验、模拟等手段探究新知识。

② 学术鉴别能力。对研究问题、过程和成果进行价值判断，确保内容准确、逻辑严密。

③ 科学研究能力。提出科学问题，设计研究方案，组织团队开展创新研究，具备工程实践能力。

④ 学术创新能力。开展创新性思考，填补理论或技术空白，完善现有成果。

⑤ 学术交流能力。通过讨论、演讲等方式展示成果，促进学术合作与创新。

⑥ 其他能力。具备社会责任感、职业道德和可持续发展意识。

（4）学位论文要求

各单位可依学科特色设置课程及实践环节，优化培养方案。实行导师负责制，提倡组成指导小组协助培养。

① 选题与综述。选题需立足学科前沿，在理论或技术管理上有创新，具理论、实践或技术价值，需公开报告审查，通过后制订计划并存档。综述需归纳整理文献，系统评述并总结问题及前景。

② 规范性。需符合国家及单位格式要求，由博士生独立完成，反映其掌握的理论知识及解决问题能力。题目准确，摘要完整，正文含绪论等，参考文献权威规范，文末列出相关科研项目、论文等。

③ 创新性。需在安全科学或工程技术与管理上有创造性成果，体现在论文各核心部分，形式多样。答辩和学位授予需符合国家条例及单位规定。

参考文献

[1] 吴超．安全学科体系构建综述研究［J］．安全，2019，40（1）：7-13.

[2] 阳富强，黄萍，施永乾，等．以学科竞赛平台促安全工程专业创新型人才培养探究［J］．高等理科教育，2020（6）：34-39.

[3] 阳富强，李鑫，余龙星．安全科学与工程硕士生培养的SWOT分析及对策［J］．化工高等教育，2023，40（2）：15-20.

[4]　阳富强，郑琪，黄萍．地方高校安全工程专业生产实习教学改革与实践［J］．实验与实践教学，2020（5）：111-117.

[5]　阳富强，胡涛，黄玉杰，等．我国新工科教育领域研究现状和发展趋势的可视化分析［J］．化工高等教育，2024，41（01）：13-21.

[6]　阳富强，黄宝娇，黄宗侯，等．安全工程专业课程思政“五维一体”建设路径探索［J］．化工高等教育，2024，41（03）：149-156.

第 5 章

安全科学基础理论

安全科学基础理论涉及多个维度，研究安全现象，安全问题的发生、发展和控制，涵盖了安全保护、风险评估、危害评价等方面，基本原则是防御、预防和减少安全风险。其主要基础理论包括安全哲学、安全系统工程、安全人机工程、典型安全科学研究方法等。

5.1 安全哲学

安全哲学可定义为人类安全活动的认识论和方法论，是安全科学理论的基础，是安全社会学的灵魂，是安全自然科学理论的核心。安全哲学不仅充实了哲学的内容，同时使哲学的研究更具有多样性和实用性，更为重要的是它的理论对安全实践和学科的发展具有方法论和认识论的指导意义。

5.1.1 安全哲学及其发展

安全作为一门具体学科与哲学融合是一种必然，对安全学科的发展具有重要的意义。要提高人类安全活动的效果和质量，就要掌握人类对安全活动的正确认识和科学方法，就要研究和发展安全哲学。安全哲学的主要功能是：①反映、反思安全与人的关系；②理论化、系统化安全观；③安全哲学本身就具有方法论的意义，是人处理安全与人关系的准则；④安全哲学作为最宏观的信念和理想，对人们的思想和行为起着激励、导向和规范的作用。

17 世纪前，人类安全的认识论是宿命论的，方法论是被动承受型的，这是人类古代安全文化的特征。17 世纪末至 20 世纪初，人类的安全认识论提高到经验论水平，方法论有了“事后弥补”的特征。这种由被动变为主动、由无意识变为有意识不能说不是一种进步。20 世纪初至 50 年代，随着工业社会的发展和技术的不断进步，人类的安全认识论进入了系统论阶段，从而在方法论上能够推行安全生产与安全生活的综合型对策，进入了近代安全文化阶段。20 世纪 50 年代以来，随着人类的高新技术不断涌现和应用，人类的安全认识论进入本质论阶段，超前预防型成为现代安全文化的主要特征。这种高新技术领域的思想和方法论推动了传统产业和技术领域的安全手段和对策的进步。从历史学的角度，表 5-1 给出了上述安全哲学发展的简要脉络。

表 5-1　人类安全哲学发展进程

阶段	时代	技术特征	认识论	方法论
Ⅰ	工业革命前	农牧业及手工业	听天由命	无能为力
Ⅱ	17 世纪至 20 世纪初	蒸汽机时代	局部安全	亡羊补牢，事后型
Ⅲ	20 世纪初至 50 年代	电气化时代	系统安全	综合对策及系统工程
Ⅳ	20 世纪 50 年代以来	宇航技术与核能	安全系统	本质安全化，预防型
Ⅴ	21 世纪	耦合化与智能化	计算安全科学	基于情报的智能防控

以下是安全哲学五种理论的具体阐述。

（1）宿命论与被动型的安全哲学

这样的认识论与方法论表现为：对于事故与灾害听天由命，无能为力。认为命运是老天的安排，神灵是人类的主宰。这时人类的生活质量无从谈起，生命与健康的价值被抹杀。

（2）经验论与事后型的安全哲学

随着生产方式的变更，人类从农牧业社会进入早期的工业化社会时代。由于事故与灾害类型的复杂多样和事故严重性的扩大，人类进入了局部安全认识阶段。哲学上反映出：建立在事故与灾难的经历或教训上来认识人类安全，有了与事故抗争的意识，学会了“亡羊补牢”的手段。如发生事故后原因不明、当事人未受到教育、措施不落实就不放过的三不放过原则，事故统计学的致因理论研究，事后整改对策的完善，管理中的事故赔偿与事故保险制度等。但这只是一种头痛医头、脚痛医脚的对策方式。

(3) 系统论与综合型的安全哲学

建立了事故系统的综合认识，认识到了人、机、环境、管理是事故综合要素，主张采取工程技术硬手段与教育管理软手段相结合的综合措施。其具体思想和方法有：全面安全管理的思想；安全与生产技术统一的原则；讲求安全人机设计推行系统安全工程；企业、国家、工会、个人综合负责的体制；生产与安全的管理中要同时计划、布置、检查、总结、评比的“五同时”原则；企业各级生产领导在安全生产方面向上级、向职工、向自己的“三负责”制，安全生产过程中要查思想认识、查规章制度、查管理落实、查设备和环境隐患，定期与非定期检查相结合，普查与专查相结合，自查、互查、抽查相结合等安全检查系统工程。

(4) 本质论与预防型的安全哲学

进入信息化社会，随着高技术的不断应用，人类在安全认识论上有了自组织思想和本质安全化的认识，方法论上讲求安全的超前、主动。具体表现为：从人与机器和环境的本质安全入手，人的本质安全化不但要提高人的知识、技能、意识素质，还要从人的观念、伦理、情感、态度、认知、品德等人文素质入手，从而提出安全文化建设的思路；物和环境的本质安全化就是要采用先进的安全科学技术，推广自组织、自适应、自动控制与闭锁的安全技术；研究人、物、能量、信息的安全系统论、安全控制论和安全信息论等现代工业安全原理；技术项目中要遵循安全措施与技术设施同时设计、施工、投产的“三同时”原则；企业在考虑经济发展、进行机制转换和技术改造时，安全生产方面要同时规划、发展、实施，即所谓“三同步”的原则；开展不伤害他人、不伤害自己、不被别人伤害的“三不伤害活动”和整理、整顿、清扫、清洁、素养即“5S”活动，对生产现场的工具、设备、材料、工件等物流与现场工人流动进行定置管理，对生产现场的危险点、危害点、事故多发点的“三点控制工程”开展超前预防型安全活动；推行安全目标管理、无隐患管理、安全经济分析、危险预知、事故判定技术等安全系统工程方法。

(5) 信息化和主动型的安全哲学

2010年以来，信息技术、人工智能技术、大数据技术与认知技术等逐渐催生了一系列新的安全技术，进而促使安全管理逐步趋向智能化。例如，在社会治安方面，人工智能技术的应用将无处不在，这些安全技术包括可以检测到指向一个潜在犯罪的异常现象的监控摄像机、无人机和预测警务设备等。在智能化时代，新的安全科学哲学模式，即计算安全科学正式诞生。

计算安全科学更加强调安全信息（包括安全数据与安全知识）的价值，更加强调安全管理的智能化和耦合化。为最大限度发挥安全信息的价值，智能化时代的安全科学在思维层面强调七融合安全思维，即对策融合、过程融合、内融合（“safety”与“security”两者内涵的融合）、信息融合、知识融合、大数据融合与智能融合。

5.1.2 安全哲学的研究方法

安全哲学研究方法是安全哲学研究者的活动方式、思维方式和行为方式等的提炼、概括和总结，对安全哲学研究者的观察和思考安全问题的角度，把握安全客体的途径和方式，以及研究手段的选用等具有指导和制约作用。从总体上看，安全哲学研究作为一种学术研究，既有与一般的科学研究所共同的研究方式和研究方法，又有作为哲学研究所特有的方式和方法。

(1) 研究方法的共同之处

如考察对象、搜集材料、整理材料、考据材料、发现问题、诠释对象、提出假设、形成观点、论证主题、表达思想、传播观念、评价成果等环节，并在其中综合性地运用诸如观察与思考、分析与综合、归纳与演绎、抽象与具体、历史与逻辑等思维与逻辑方法，其中也难免渗透着直觉、灵感、顿悟等非理性的方法。

(2) 研究方法的特殊之处

研究方法的特殊之处体现在研究的各环节、各步骤、各阶段之中，都以安全为着眼点，渗透着强烈的哲学观念、哲学意识、哲学原则、哲学思路、哲学提问、哲学理解、哲学评价、哲学反省、哲学反思、哲学诠释、哲学透析等。安全哲学研究就其方法论特征而言，是一个从非哲学的对象世界中发现和提升安全哲学问题，并以哲学方式来加以处理，最终回到非哲学中的过程。而安全哲学的思维方式和方法贯穿在其中。

安全哲学研究有其个体性、民族性、时代性、历史性、地域性差异，但也还存在着某些超个体、超民族、超地域、超时代而为人类理性思维在哲学层面上所共有的东西。这些东西自觉不自觉地以某种具体形式渗透在安全哲学研究者个体的思维和研究活动中，以至于可以从方法论上对上述差异加以概括和提升，探索和建构安全哲学研究方法论。从安全哲学研究的共同之处和特殊之处的分析，安全哲学的主要研究方法有：①基于社会实践的实践逻辑研究方法；②基于安全系统的安全系统研究方法；③基于安全哲学历史延续性的历史研究方法；④基于安全哲学理论系统性的整体研究方法；⑤基于安全哲学思维特性的辩证研究方法；⑥基于现实、指向未来的安全哲学发展研究方法；⑦多种方法的综合运用。

5.2 安全系统工程

安全系统工程是运用系统工程的原理和方法，对系统或生产过程中的危险性进行识别、分析、评价及预测，并根据其结果，采取综合安全措施予以控制或消除系统中存在的危险因素，使事故发生的可能性降到最低限度，从而达到最佳的安全状态。

5.2.1 安全系统工程研究内容

安全系统工程是专门研究如何用系统工程的原理和方法确保实现系统安全功能的科学技术，其主要技术手段有系统安全分析、系统安全评价和安全决策与事故控制。

(1) 系统安全分析

要提高系统的安全性，使其不发生或少发生事故，其前提条件就是预先发现系统可能存在的危险因素，全面掌握其基本特点，明确其对系统安全性影响的程度。只有这样，才有可能抓住系统可能存在的主要危险，采取有效的安全防护措施，改善系统安全状况。这里所强调的"预先"是指无论系统生命过程处于哪个阶段，都要在该阶段开始之前进行系统的安全分析，发现并掌握系统的危险因素。这就是系统安全分析要解决的问题。

系统安全分析是使用系统工程的原理和方法，辨别、分析系统存在的危险因素，并根据实际需要对其进行定性、定量描述的技术方法。

系统安全分析有多种形式和方法，使用中应注意以下几方面：

① 根据系统的特点、分析的目标和要求，采取不同的分析方法。因为每种方法都有其自身的特点和局限性，并非处处适用。使用中有时要综合应用多种方法，以取长补短或相互比较验证分析结果的正确性。

② 使用现有分析方法不能死搬硬套，必要时要根据实用、好用的需要对其进行改造或简化。

③ 不能局限于分析方法的应用，而应从系统原理出发，开发新方法、开辟新途径，还要在以往行之有效的一般分析方法的基础上总结提高，形成系统性的安全分析方法。

(2) 系统安全评价

系统安全评价往往要以系统安全分析为基础，通过分析，了解和掌握系统存在的危险因素，但不一定要对所有危险因素采取措施，而是通过评价掌握系统的风险事故大小，以此与预定的系统安全指标相比较，如果超出指标，则应对系统的主要危险因素采取控制措施，使其降至该标准以下。这就是系统安全评价的任务。评价的方法也有多种，应考虑评价对象的特点、规模，考虑评价的要求和目的采用不同的方法。同时，在使用过程中也应和系统安全分析的使用要求一样，坚持实用和创新的原则。

(3) 安全决策与事故控制

任何一项系统安全分析技术或系统安全评价技术，如果没有一种强有力的管理手段和方法，也不会发挥其应有的作用。因此，在出现系统安全分析和系统安全评价技术的同时，也出现了系统安全决策。其最大的特点是从系统的完整性、相关性、有序性出发，对系统实施全面、全过程的安全管理，实现对系统的安全目标控制。系统安全管理是以系统安全分析和系统安全评价技术，以及安全工程技术为手段，控制系统安全性，使系统达到预定安全目标的一整套管理方法、管理手段和管理模式。

5.2.2 安全系统工程研究方法

安全系统工程的研究方法必须从系统的整体性观点出发，从系统的整体考虑解决安全问题的方法、过程和要达到的目标。例如，对每个子系统安全性的要求，要与实现整个系统的安全功能和其他功能的要求相符合。在系统研究过程中，子系统和系统之间的矛盾以及子系统与子系统之间的矛盾，都要采用系统优化方法寻求各方面均可接受的满意解，同时要把安全系统工程的优化思路贯穿到系统的规划、设计、研制和使用等各个阶段中。在危险因素辨识中得到广泛应用的系统安全分析方法主要有以下几种：

① 事件树分析；

② 事故树分析；

③ 管理失误与风险树分析；

④ 因果分析图法；

⑤ 安全检查表法；

⑥ 预先危险性分析；

⑦ 故障类型影响和致命度分析；

⑧ 统计图表分析。

安全系统工程的要点主要有：

(1) 研究方法上的整体化

安全系统工程的研究方法是从整体观念出发的，它不仅把研究对象视为一个整体，还可以把系统分解为若干个子系统，对每个子系统的安全性要求，要与实现整个系统的安全性指标相符合。对于评价过程中子系统之间或者系统与系统之间的矛盾，都要根据总体协调的需求来选择解决方案。因此，系统安全要贯穿到规划、设计、制造、使用、维护等各个阶段。

在系统概念上，系统除了材料、能量、信息三大要素以外，在系统的各要素中，应格外重视人。我国和日本的有关事故统计资料表明，包含人的不安全行为造成灾害的次数一般在90%以上。因此在研究、分析、评价系统安全时，不能忽视人在系统中所起的作用，而是必须从整体出发，全面考虑系统中的各种因素。

(2) 技术应用上的综合化

安全系统工程综合应用多种学科技术，使之相互配合，使系统实现安全化，即系统工程的最优化。

人们在“安全问题”上所研究、遇到的“系统”往往是复杂的。对系统各要素间的关系越揭示得清晰、深刻、精确，就越能获得最佳应用多种技术的成就。因而，在研究综合运用各学科和各项技术过程中，人们从全面的系统观点出发，采用逻辑、概率论、数理统计、模型和模拟技术、最优化技术等数学方法，并用计算机进行处理和分析计算，把系统内部要素间的关系和不安全状态，用简明的语言、数据、曲线、图表清楚地描述出来或把所研究的问题在定性的基础上数量化表示，显示出那些不易直观觉察的各种要素间的相互关系，使人们能深刻、全面地了解和掌握所研究的对象，做出最优决策，保证整个系统能按预定计划达到安全目标。

（3）安全管理科学化

安全工作中的规划、组织、控制和决策等统称为安全管理。安全管理工作对实现系统安全、经济效益等具有重要意义。因此，科学化的管理对实现系统安全至关重要。安全系统工程的 6 个主要任务（即寻找、发现系统事故隐患；预测由故障引起的危险；选择、制定和调整安全措施方案和安全决策；组织安全措施和对策的实施；对措施的效果进行全面的评价；不断采取改善措施，以求得最佳效果）体现出了安全管理科学化的主要特征。

5.2.3 事故致因理论

为防止事故的发生，人们在生产实践中不断总结经验和教训，研究探索事故的发生规律，以了解事故为什么会发生，事故是怎样发生的，以及如何采取措施予以防范，并依此以模式和理论的形式加以阐述。由于这些模式和理论着重解释事故发生的原因以及针对事故成因因素如何采取措施防止事故，故人们就把这些模式和理论称为事故成因理论或事故致因理论。事故致因理论通过对事故原因的深入分析和总结，揭示了事故发生的规律和机理，为安全系统工程的研究和应用提供了理论基础。安全系统工程在实践中不断遇到新的问题和挑战，促使事故致因理论不断更新和完善。在实际应用中，二者的研究内容相互交织，安全系统工程需要借助事故致因理论来识别和分析危险因素，事故致因理论也需要通过安全系统工程的方法来验证和完善其理论模型。

事故致因理论中的事故模式是人们对事故机理所做的逻辑抽象或数学抽象，用于描述事故成因、经过和后果，研究人、物、环境和管理及事故处理这些因素如何作用而形成事故和造成损失的，对于事故的分析、预防、处理均具有重要的作用。事故模式有很多种，目前世界上较为流行的有 13 种，它们是系统理论、事故因果连锁论、流行病学论、能量交换模式、不安全行为论、寿命单元改变论、屡次失误模式、人的因素论、人机理论、动机论、同时发生论、决策模式、生物节律论等。其中，经典的事故致因理论主要有海因里希事故因果论、轨迹交叉论、能力意外释放论、事故致因“2-4”模型等。以下重点介绍海因里希事故因果论、轨迹交叉论、能力意外释放论和事故致因“2-4”模型。

（1）海因里希事故因果论

美国的安全工程师海因里希（H. W. Heinrich）在《工业事故预防》

(*Industrial Accident Prevention*)一书中，首先提出了事故因果论，用以阐明导致事故的各种因素之间及与事故、伤害之间的关系。该理论认为，伤害事故的发生不是一个孤立的事件，尽管伤害的发生可能在某个瞬间，却是一系列互为因果的原因事件相继发生的结果。在事故因果连锁中，以事故为中心，事故的结果是伤害（伤亡事故的场合），事故的原因包括 3 个层次：直接原因、间接原因和基本原因。由于对事故各层次原因的认识不同，形成了不同的事故致因理论。因此，后来的人们也经常用事故因果连锁的形式来表达某种事故致因理论。

海因里希的事故因果连锁过程包括如下 5 个因素。

① 遗传及社会环境。遗传因素及社会环境是造成人性格上缺点的原因。遗传因素可能造成鲁莽、固执等不良性格；社会环境可能妨碍教育、助长性格上的缺点发展。

② 人的缺点。人的缺点是使人产生不安全行为或造成机械、物质不安全状态的原因，它包括鲁莽、固执、过激神经质、轻率等性格上的先天缺点，以及缺乏安全生产知识和技术等后天缺点。

③ 人的不安全行为或物的不安全状态。所谓人的不安全行为或物的不安全状态，是指那些曾经引起过事故，或可能引起事故的人的行为，或机械、物质的状态，它们是造成事故的直接原因。例如，在起重机的吊荷下停留，不发信号就启动机器，工作时间打闹，或拆除安全防护装置等，都属于人的不安全行为；没有防护的传动齿轮，裸露的带电体，或照明不良等，属于物的不安全状态。

④ 事故。事故是物体、物质、人或放射线的作用或反作用，使人员受到伤害或可能受到伤害的、出乎意料的、失去控制的事件。坠落、物体打击等能使人员受到伤害的事件是典型的事故。

⑤ 伤害。直接由事故产生的人身伤害。

人们用多米诺骨牌来形象地描述这种事件因果连锁关系，得到如图 5-1 所示的多米诺骨牌系列。在多米诺骨牌系列中，一块骨牌被碰倒了，则将发生连锁反应，其余的几块骨牌相继被推倒。因此，海因里希事故因果论也称为多米诺骨牌理论（The Dominoes Theory）。

(2) 轨迹交叉论

轨迹交叉论的基本思想是：伤害事故是许多相关联系的事件顺序发展的结果。这些事件概括起来不外乎人和物（包括环境）两大发展系列。在一个系统中，当人的不安全行为和物的不安全状态在各自发展形成过程中（轨迹），在

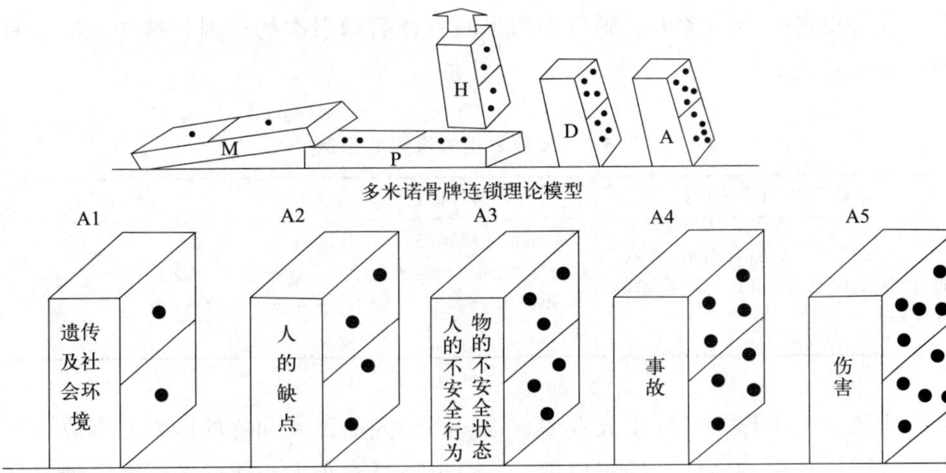

图 5-1　海因里希事故因果论

一定时间、空间发生了接触（轨迹交叉），就会造成事故。即具有危害能量的物体的运动轨迹与人的运动轨迹在某一时刻交叉，能量转移于人体时，伤害事故就会发生。当然，两种运动轨迹均是在三维空间内的运动轨迹。而人的不安全行为和物的不安全状态之所以产生和发展，又是受多种因素作用的结果。人与物两系列形成事故的模型如图 5-2 所示。

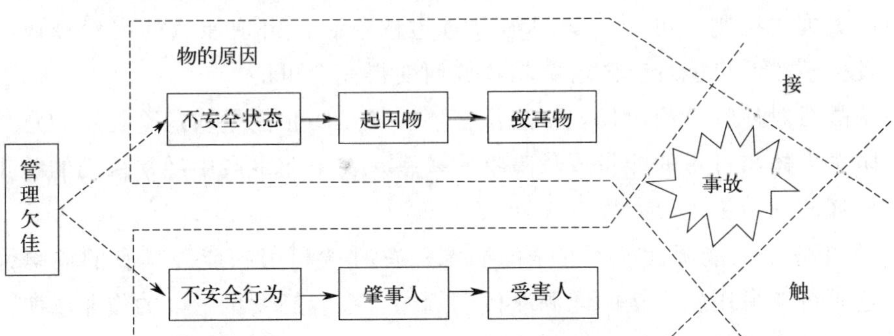

图 5-2　轨迹交叉论事故模型

人的不安全行为和物的不安全状态是造成事故的表面的直接原因，如果对它们进行更进一步的考虑，则可挖掘出两者背后深层次的原因。这些深层次原因的示例见表5-2。

表5-2 事故发生的原因的示例

基础原因(社会原因)	间接原因(管理缺陷)	直接原因
遗传、经济、文化、教育培训、民族习惯、社会历史、法律、设计与制造缺陷、标准缺乏	生理和心理状态、知识技能情况、工作态度、规章制度、人际关系、领导水平、维护保养不当、保管不良、故障、使用错误	人的不安全行为、物的不安全状态

轨迹交叉论作为一种事故致因理论，强调人的因素和物的因素在事故致因中占有同样重要的地位。按照该理论，可以通过避免人与物两种因素运动轨迹交叉来预防事故的发生。同时，该理论对于调查事故发生的原因也是一种较好的工具。

(3) 能量意外释放论

吉布森（Gibson)、哈登（Haddon）等人提出了解释事故发生物理本质的能量意外释放论。他们认为，事故是一种不正常的或不希望的能量释放。在生产活动中，能量的利用是不间断进行的。在利用能量的过程中，人们给能量以种种约束与限制，使之按人的意志进行流动与转换，正常发挥能量用以做功。一旦能量失去控制，可能会摆脱约束与超越限制，出现能量的突然释放。于是，发生事故的可能性就随着突然释放而变得完全可能。

从能量意外释放论出发，预防伤害事故就是防止能量或危险物质的意外释放，防止人体与过量的能量或危险物质接触。在工业生产中经常采用的防止能量意外释放的措施主要有以下几种：

① 用安全的能源代替不安全的能源。有时被利用的能源具有的危险性较高，这时可考虑用较安全的能源取代。例如，在容易发生触电的作业场所，用压缩空气动力代替电力，可以防止发生触电事故。但是应该注意，绝对安全的事物是没有的，以压缩空气作动力虽然避免了触电事故，但压缩空气管路破裂、脱落的软管抽打等都会带来新的危害。

② 限制能量。在生产工艺中尽量采用低能量的工艺或设备，这样即使发生了意外的能量释放，也不致发生严重伤害。例如，利用低电压设备以防止电击；限制设备运转速度以防止机械伤害；限制露天爆破装药量以防止个别飞石

伤人等。

③ 防止能量蓄积。能量的大量蓄积会导致能量突然释放，因此要及时泄放多余的能量，防止能量蓄积。例如，通过接地消除静电蓄积，利用避雷针放电保护重要设施等。

④ 缓慢地释放能量。缓慢地释放能量可以降低单位时间内释放的能量，减轻能量对人体的作用。例如，各种减振装置可以吸收冲击能量，防止人员受到伤害。

⑤ 设置屏蔽设施。屏蔽设施是一些防止人员与能量接触的物理实体，即狭义的屏蔽。屏蔽设施可以被设置在能量上，例如安装在机械转动部分外面的防护罩；也可以被设置在人员与能量之间，例如安全围栏等。人员佩戴的个体防护用品，可被看作是设置在人员身上的屏蔽设施。

⑥ 在时间或空间上把能量与人隔离。在生产过程中也有两种或两种以上的能量相互作用引起事故的情况。例如，一台吊车移动的机械能作用于化工装置，化工装置破裂使得有毒物质泄漏，引起人员中毒。针对两种能量相互作用的情况，应该考虑设置两组屏蔽设施：一组设置于两种能量之间，防止能量间的相互作用；另一组设置于能量与人之间，防止能量达及人体。

⑦ 信息形式的屏蔽。各种警告措施等信息形式的屏蔽，可以阻止人员的不安全行为或避免发生行为失误，防止人员接触能量。根据可能发生的意外所释放能量的大小，可以设置单一屏蔽或多重屏蔽，并且应该尽早设置屏蔽，做到防患于未然。

(4) 事故致因“2-4”模型

在海因里希事故致因链的基础上，傅贯教授提出了事故致因“2-4”模型（见图 5-3)。“2-4”模型是一个现代事故致因链，链中事故的直接原因仍然是海因里希提出的事故引发者的不安全行为和不安全状态，但是把事故致因链中的间接原因通过大量的案例分析具体化为事故引发者的安全知识不足、安全意识不强和安全习惯不佳；把事故的根本原因具体化为事故引发者所在组织的安全管理体系缺欠；把事故的根源原因具体化为事故引发者所在组织的安全文化缺点。安全管理体系（safety management system，SMS）指的是安全管理方案，可以是按照管理体系标准（如 OHSAS 18000 系列标准等）建立的，也可以不是按照管理体系标准建立而自然形成的，包含体系文件和运行过程；安全文化则是从根本原因中分解出来的、指导安全管理体系形成的思想。在这个事故致因链中，把事故的主要直接原因看作是事故引发者个人的一次性行为，把事故的间接原因，即安全习惯、安全知识、安全意识这三者一起看作是事故引发者个人的习惯性行为，把安全管理体系文件及其执行过程、安全文化看作是事故引发者所在组织的组织行为。这样根据组织行为学原理和 James Reason 的观点，就可以把这个事故致因链描述为“事故引发者的一次性行为来自习惯性行为，习惯性行为来自其所在组织的组织行为，组织行为为其组织的安全文化所导向”。至此，事故致因模型和这个现代事故致因链就建立起来了。

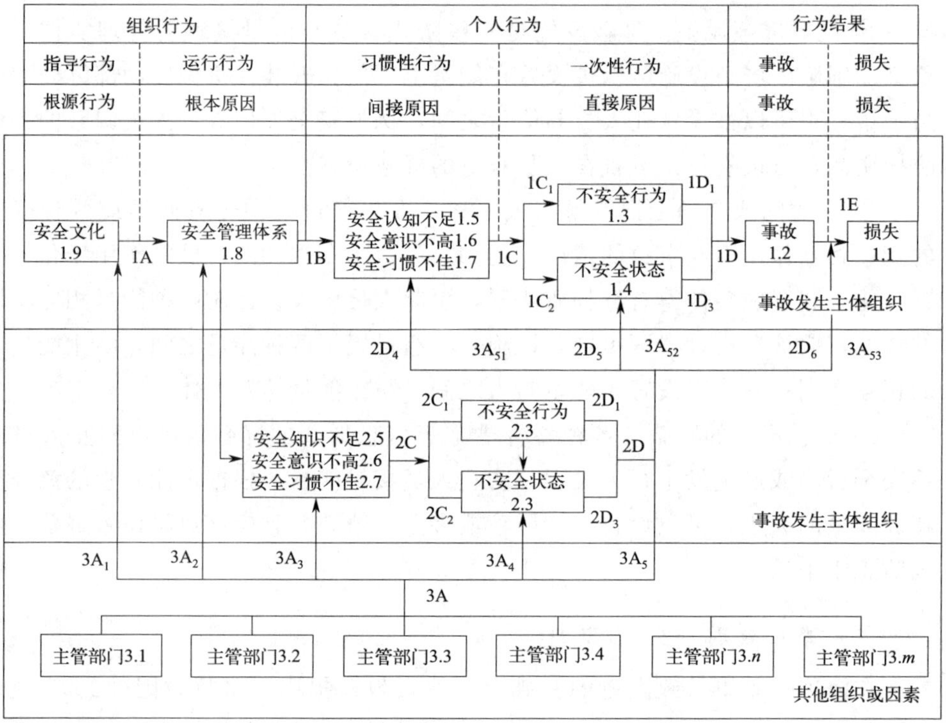

图 5-3 事故致因“2-4”模型

5.3 安全人机工程学

安全人机工程学（safety ergonomics）是从安全的角度和着眼点研究人与机的关系的一门学科，其立足点放在安全上面，对在活动过程中的人实行保护为目的，主要阐述人与机保持什么样的关系才能保证人的安全，即在实现一定的生产效率的同时，如何最大限度地保障人的安全健康与舒适愉快。

5.3.1 安全人机工程学研究内容

安全人机工程学主要是从活动者的生理、心理、生物力学的需要与可能等诸因素，去着重研究人从事生产或其他活动过程中实现一定活动效率的同时，最大限度地免受外界因素的作用机理和预防与消除危害的标准与方法，从而达到实现安全卫生的愿望的目的，确保人类能在安全健康、舒适愉快的条件与环境中从事各项活动。

人类社会进步的重要标志，就是创造一个适合人类生存与发展的优美舒适的劳动条件和生活、生存环境，即让人类劳动、生活、生存在一个安全卫生和谐的社会之中。所以从安全的角度和着眼点，即以人的活动效率为条件和以人的身心安全为目标，将安全人机工程学从人机工程学中分解出来，并作为安全工程学的一个重要分支学科而自成体系。这是现代科学技术发展的必然趋势，是文明生产、生活、生存的象征。

在任何一个人类活动场所，总是包括人和机（此处的机是广义的，即物）两大部分。人与机这两种性质截然不同的要素，彼此之间存在着物质、能量和信息的不停交换（即输入、输出）和处理上的本质差异。而人机结合面起着人机间沟通的作用，各自发挥功能，提高系统的效率，保证系统的安全。因此，人机系统是一个有机的整体，这个整体包括人、机、人机结合面，如图 5-4 所示。

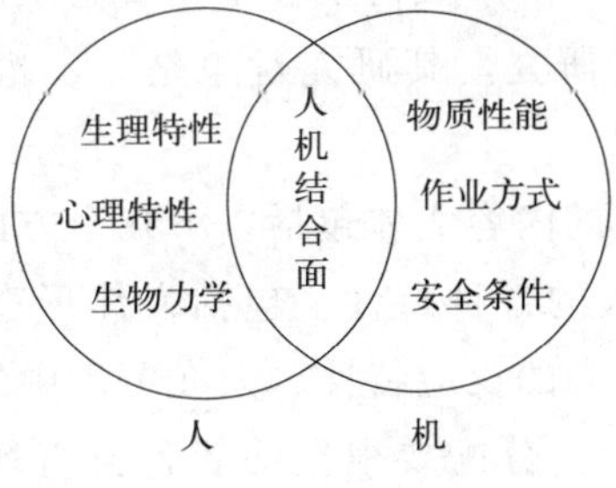

图 5-4　人机关系示意图

这里所谓的人（man）是指活动的人体，即安全主体，人应该始终是有意识有目的地操纵物（机器、物质）和控制环境的，同时又接受其反作用。不管机械化和自动化的成就有多大，不管人使用的能源是多么新颖和充裕，也不管使用什么信息传递系统，不管过去、现在，还是将来，人总该是人与复杂的外界之间相互作用链条上起决定作用的一环；人也应该是所创造的并为其服务的任何系统的安全主导；其自身依靠的科学基础都需要借用生理学、心理学、人体生物力学、解剖学、卫生学、人类逻辑学、社会学等人体科学的研究成果。

这里所谓的机（machine）是广义的，它包括劳动工具、机器（设备）、劳动手段和环境条件、原材料、工艺流程等所有与人相关的物质因素。机应是执行人的安全意志，服从于人，其基础需要由安全设备工程学的安全机电工程学、卫生设备工程学和环境工程学等学科去研究。

所谓人机结合面（man machine interface），就是人和机在信息交换和功能上接触或互相影响的领域（或称“界面”），即指人与机器间能够相互施加影响的区域，也是用户与机器相互传递信息的媒介，最典型的就是信息的输入与输出。人通过感觉器官（眼、耳、鼻、舌、身）接受外界的信息、物质和能量，又通过人的执行器官（手、脚、口、身）向外界传递人发出的信息、物质与能量。因此可以认为，机以及环境等凡是参与这两个过程的一切领域均属于人机结合面（人机界面）。此处所说的人机结合面、信息交换、功能接触或互相影响，不仅指人与机器的硬接触（即一般意义上的人机界面或人机接口），而且包括人与机的软接触，此结合面包括点、线、面的直接接触，甚至还包括远距离的信息传递与控制的作用空间。人机结合面是人机系统的中心环节，主要由安全工程学的分支学科即安全人机工程学去研究和提出解决的依据，并通过安全设备工程学、安全管理工程学以及安全系统工程学去研究具体的解决方法、手段、措施。

由以上分析可以看出，安全人机工程学主要是从安全的角度和以人机工程学中的安全为着眼点进行研究，其研究对象是人、机和人机结合面 3 个安全因素。

安全人机工程学研究的内容大体包括以下几个方面。

① 研究人机系统中人的各种特性。包括人体形态特征参数、人的生物力学特性、人的感知特性、人的反应特性、人在劳动中的心理特征等。

② 研究人机功能分配。分配要根据两者各自特征，发挥各自的优势，达到高效、安全、舒适、健康的目的。

③ 研究各类人机界面。研究不同人机界面的特征以及安全标准的依据，研究不同人机界面中各种显示器、控制器等信息传递装置的安全性设计准则和标准。

④ 研究工作场所和作业环境。研究工作场所布局的安全性准则，研究如何将影响人的健康安全及工效的环境因素控制在规定的标准范围之内，使环境条件符合人的生理和心理要求，创造安全的条件。

⑤ 研究安全装置。许多设备都有“危区”，若无安全装置、屏障、隔板、外壳将“危区”与人体隔开，便可能对人产生伤害。因此，设计可靠的安全装置，是安全人机工程学的任务之一。

⑥ 研究人员选拔问题。研究如何依据人机关系的协调性需求选择合适操作者的方法。

⑦ 研究人机系统的可靠性，保证人机系统的安全。其主要研究人因事故的预防和人误的控制。

⑧ 研究人机系统总体安全性设计准则和方法以及安全性评价体系和方法。

5.3.2　安全人机工程学研究方法

安全人机工程学的任务是建立合理而可行的人机系统，更好地实施人机功能分配，更有效地发挥人的主体作用，并为劳动者创造安全舒适的环境，实现人机系统的“安全、经济、高效”的综合效能，主要有以下 5 种研究方法：

① 测量法。这是借助器具、设备而进行实际测量的方法，如对人的生理特征方面（如人体尺度与体型、人体活动范围、作业空间等）的测量，也可进行人体知觉反应、疲劳程度、出力大小等的测量。

② 测试法。包括个体或小组测试法和抽样测试法。个体或小组测试法依据特定的研究内容，设计好调查表，对典型生产环境中的作业者个体或小组进行书面或问询调查，以及必要的客观测试（如生理、心理指标等），收集作业者的反应和表现。抽样测试法被测试者是通过对人群的随机抽样或分层抽样而选取的样本。所以，分层原则以及各层的样本的数目，将直接影响测试和分析结果。

③ 实验法。实验法是在人为设计的环境中，测试实验对象的行为或反应。根据实验时可控变量的多少，实验可分为单变量和多变量实验，各种实验数据要经数学手段或计算机进行处理。

④ 观察分析法。观察分析法是通过观察、记录被观察者的行为表现、活动规律等，然后进行分析的方法。观察可以采用多种形式，它取决于调查的内容和目的，如可用公开或秘密的方式（但不应干扰被调查人的行为），也可借助摄影或录像等手段。

⑤ 系统分析评价法。对人机系统的分析评价应包括作业者的能力、生理素质及心理状态，机械设备的结构、性能以及作业环境等诸多方面因素。安全人机工程学将提供安全评价定性和定量分析的某些理论和方法。

5.4 安全科学研究方法

安全科学是从人体免受外界因素（事物）危害的角度出发，并以在生产、生活、生存过程中创造保障人体健康条件为着眼点，对整个客观世界及其规律总结的基础上，产生的知识体系。安全科学的研究，是为人们在生产和生活中，生命和健康得到保障，身心与相关设备、财产以及事物免受危害等，揭示安全的客观规律，并提供安全学科理论、应用理论和专业理论。

5.4.1 安全统计方法学

安全统计方法学是安全科学和统计学的交叉学科，它为安全资料的收集、整理、分析和研究等提供统计技术手段，对所研究的对象和数据资料去伪存真、去粗取精，从而可以分析与安全问题有关的各种现象之间的依存关系和潜在规律性。基于统计方法学理论与安全科学的原理，安全统计方法学可定义为利用统计方法学原理和方法研究人们在生产、生活、生存领域中与安全问题有关的信息的数量表现和数量关系，揭示安全问题的本质特征与一般规律，对安全生产规律进行预测和决策，并提出具体的应对策略的一门方法论学科。

安全统计方法学的研究对象是事故现象和过程的数量表现与数量关系等问题，这种数量关系既包括安全生产领域的事故现象，也包括社会、经济领域中的事故现象，以及各种事故现象与社会、经济相互影响的数量关系，并从大安全观和社会各领域相互联系的角度入手，对社会存在的安全问题进行全方位的观察、描述、分析和评价。关于数量方面的标志主要有：

① 在横断层面上统计反映同一时期的事故现象的规模和结构分布情况。将事故统计资料按照一定的标志进行分组整理，按一定的顺序编制成统计表，把复杂事故现象划分为不同性质的部分，直观反映统计指标的分布特征，用于有效实现各类事故现象的管理和比较。

② 以时间序列统计反映同一事故现象在不同时间的发展速度和变动趋势。要掌握事故发生、发展的变化规律，预测事故和防止事故的发生，不仅要从静态上揭示研究对象在具体时间、地点和条件下的数量特征和数量关系，还要从动态上反映其发展变化的规律性，从数量方面来研究安全生产发展变化的方向和速度。研究各个发展阶段的特点，预见发展的趋势，这就需要进一步研究分析安全生产中事故和障碍的动态变化。

③ 通过统计资料比较发现和揭示新的安全科学规律。统计研究的一个重要内容就是要分析现象之间存在的相互关系，初步整理事实材料进行比较，然后对事实进行定性和定量的分析，在比较的基础上对事实进行分类。经过这样的初步整理，一大堆观察素材就可能变成清晰和有条理的事实，这就为提出和构造理论做了准备；在整理和辨识事实的过程中，可以把收集到的材料同已知安全科学事实做比较，从而有可能发现新的安全科学规律。

④ 以历史和现状统计资料来预测安全工作的未来可能达到的目标和水平。任何现象的发生发展过程都有其延续性。因此，通过对历史和现状的统计资料的分析，预测安全水平的变化趋势，为相关决策提供科学依据。

安全统计方法学的研究方法主要有以下几种：

（1）实验法

从广义上说，实验法应包括假设检验和实验设计两方面的内容。所谓假设检验就是事先对总体参数或总体分布形式做出一个假设，然后利用样本信息来判断原假设是否合理，即判断样本信息与原假设是否有显著差异，从而决定应接受或否定原假设。所以，假设检验也称为显著性检验。实验设计是统计方法学的重要内容，它研究的是如何安排实验以及实验后的数据如何分析等问题。在实践中应用较为广泛的实验设计为正交设计法，它通过正交表，将实验中应考察的多种因素及其可能的多种水平相互均匀搭配，既能考察各因素的作用，又能尽可能减少实验次数，同时提供分析实验的信息比较丰富，还能给出实验误差估计。

（2）大量观察法

大量观察法就是通过对大量同类客观现象的观察和研究，去认识客观现象的本质特征和发展变化规律。安全现象具有多领域多学科的内涵，只观察总体中的一小部分对象的数量不足以代表总体一般的数量特征，因此需要大量观察和测量。大量观察法是统计研究的基本方法之一，是人们认识事物总体的数量特征的基本途径。社会客体中的现象更多地遵循统计规律，安全生产领域也不例外。统计规律只有通过大量现象的变化才能显示出来。统计的目的是研究大量现象，但并不排斥对单个现象的观察和认识研究大量现象，是从对个体事物的观察认识开始的，是一个从个体到总体的认识过程。它通过对现象总体中的许多个体事物的观察和认识，综合概括出总体的特征和运动规律。大量观察法可以通过对同类现象进行调查和综合分析，统计调查中的许多方法，如安全统计台账、安全统计报表、安全普查、抽样调查、重点调查等。

(3) 统计分组法

统计分组是根据事物内在的特点和统计研究的任务，按一定的统计标志将总体划分为不同类型和不同性质的组或类的方法。由于安全现象具有多层次性和多样性，通过统计分组，将安全现象进行分类，为统计整理和统计分析奠定良好的基础。

(4) 数量分析法

统计是用数字说话的，它研究的对象都是能用数量表现的现象。它描述现象的客观面貌，揭示事物的本质特征和发展规律，都是通过用数值表现的统计指标完成的。安全统计数量分析法又可分为静态分析方法和动态分析方法。

5.4.2 安全比较研究方法

比较方法是对彼此有某种联系的事物进行对照，从而揭示它们的共同点和差异点的一种科学方法。通过比较，揭示事物之间的共同点和差异点，是人类认识客观事物最原始、最基本的方法。在科学研究中，人们要认识事物，首先要认识事物的属性。事物的属性是多种多样的。广义地说，事物的属性实际上就是它与其他事物之间的共同点和差异点，而比较正是通过事物之间的异同点来揭示事物属性的方法。同样，在科学研究中，人们是用概念进行思维活动的。有了概念，才能有判断和推理等一系列思维活动。所谓概念就是反映事物的一般属性和本质属性的思维形式。由于事物的属性要靠有意识地运用比较来揭示，所以，比较方法也是建立概念的一种基本方法，从而成为理性认识的开端。至于在理性认识过程中，人们要认识某一种事物的本质，就必须对事物的内部矛盾及其矛盾的每个方面进行比较，把握事物间的内部联系，进行抽象与概括，以求认识事物的本质，做出准确的判断和推理。

基于比较科学理论与安全科学的原理，比较安全学可以定义为：比较安全学是从人体免受外界因素危害的角度出发，并以在生产、生活、生存过程中创造保障人体健康条件为着眼点，通过对安全体系中彼此有某种联系的不同时空的事、物、环境、人的行为、社会文化、知识等进行对照，从而揭示它们的共同点和差异点，并提供借鉴和相互渗透的一种安全科学方法，也是人类认识客观事物最原始、最基本的方法之一。

由于安全学科的综合属性，它具有巨大的时间和空间维度，为了提取不同时间、不同领域的共性安全科学问题并使之相互借鉴和渗透，比较研究方法是最有效的途径。比较安全学在安全科学研究中的重要意义主要表现为：

① 借助于比较方法，可以初步整理事实材料。作为整理事实材料的比较法，其作用首先在于辨认事实，其次是对事实进行定性和定量的分析，最后就是在比较的基础上给事实分类。经过这样的初步整理，一大堆观察实验材料就变成清晰的有条理的事实，这就为提出和构造理论做了准备。

② 运用比较方法，可以发现新的安全科学现象。在辨认和整理事实的过程中，可以把收集到的材料同已知安全科学事实做比较，从而有可能发现新的安全科学事实。有时运用比较方法，还可以发现和揭示不易直接观察到的运动和变化。

③ 以应用比较方法为主，可以建立起一些新的安全科学概念和学科。例如，把不同领域的科学成果、经验、事实联系起来比较，不仅能追溯事物发展的历史渊源和确定事物发展的历史顺序，而且能够得到一些经验性定律。这样，它们往往是更高的理论概括、更精密的理论性学科的基础。

④ 综合运用比较方法，还可以对理论研究的结果与观察实验之间是否一致，做出明确的判断。知识不仅能从经验中得出，而且更容易从理智的思维同观察到的事实两者的比较中得出。

5.4.3　安全教育学

安全教育学通俗理解即为对安全教育的研究，其研究的对象范畴有广义与狭义之分。广义的安全教育学研究范畴指在安全领域（大安全）中与教育培训有关的一切现象、活动和规律。狭义的安全教育学研究范畴局限于目前的安全生产与生活领域，针对受教育者开展的安全思想意识、安全法律法规、安全知识与安全技能的教育培训活动，以及与之对应的安全教育形式、师资力量、教育技术、教育资源（教材、经费与场地等）、安全教育学科学研究学科体系、安全教育管理、组织机构与保障等方面的总和。对安全教育学内容阐述是基于狭义的安全教育学研究范畴，其主要包括以下几方面的研究内容：

① 安全教育学方法论。主要包括安全教育学哲学问题、起源、方法论及其体系、教学方法与教育技术、安全教育信息加工处理的方法、安全教育价值观，以及安全教育培训方针与指导思想等，属于安全教育学的上层建筑。

② 安全教育学基础理论。主要包括安全教育学概念、内涵与外延、意义与功能、性质与特征、研究范畴、哲学基础、学科理论、应用理论、安全教育史，以及安全教育活动规律等宏观性基础理论；安全教育学原理、教学过程与规律、教学模式、内容与层次，安全教育生理学、心理学基础与安全教学认知机理，安全教育立法、安全教育投入产出、安全教育资源分配、安全教育绩效评估体系，以及安全教育管理机制与组织等微观性基础理论。

③ 安全教育学的学科体系。主要包括安全教育学学科分类及其划分标准、与其他相关学科的关系、学科层次与地位、学科体系框架、学科体系的层次结构与关系、分支体系的内容与特征，以及各分支体系间的关系与作用等。

④ 安全教育培训实践。即各种形式的安全教育与培训活动的组织、管理与研究，主要包括安全教育对象特征、教学模式与形式设计、课堂教学设计、组织与控制、教学方法与手段、教学内容（安全思想意识教育、安全法律法规教育、安全知识教育与安全技能教育）、课程设置与开发、教材编写、安全教育层次（学校的专业安全教育、企业的职业安全教育培训与大众的科普安全教育）与安全教育应用等。

⑤ 安全教育组织与管理。即各类安全教育的管理与组织，涉及安全教育的行政、专业发展与科研管理三个方面，包括政策规划、制定与实施，安全教育实践的监管、安全教育资源投入与分配，安全教育法制建设、安全教育体制及管理组织机构的设置，学科专业的设置与发展、人才培养层次与要求、培养机构设置等，以及安全教育科学研究管理等。

⑥ 安全教育技术。主要包括安全教育技术方法学，安全教育技术基础理论，安全教育技术发展及其与学科的关系，安全教育技术体系、层次与特点，安全教学模式与方法，安全教育技术的推广应用和安全教育技术开发与创新等。

上述的安全教育学研究的内容具有递进的层次关系，安全教育学方法论处于最高的安全科学哲学层次，安全教育学基础理论与安全教育学的学科体系及分支处于安全教育学学科理论层次，安全教育培训实践、安全教育组织与管理和安全教育技术处于安全教育学应用层面。上一层次是下一层次的指导方针与抽象，下一层次是上一层次的基础、具体形式内容与应用，按照研究对象层次深度与逻辑关系而言是自上而下开展，按照研究的递进关系是自下而上开展。

5.4.4 安全社会科学方法学

社会是人们按照一定目的相互交往、互动而形成的有机整体，因而社会科学（有时候包含人文科学，合称为人文社会科学）主要就是阐释和探索各种社会现象和社会问题及其变迁规律的科学，是关于人与人、人与社会之间关系的科学。安全社会科学横跨社会科学与安全科学，很显然，它与研究自然界内部、人与自然关系的自然科学不同，与研究人体及其内心世界的生命科学不同，与研究工程技术应用不同，也与从整体性角度研究自然与社会、人与自然等的系统科学大不相同。

长期以来，各方面的学者研究宏观社会系统多从经济、政治、社群（小社会）、文化“四位一体”的子系统入手，最突出的是美国社会学家帕森斯等对宏观社会系统的研究。同样，研究安全社会科学体系也可以从这四大子系统入手：从涉及经济范畴研究入手，即有安全经济学、安全财政学、安全金融学、安全贸易学、安全产业学、安全会计学、安全区域经济学等；从涉及社群（小社会共同体）范畴入手，即有安全社会学、安全人类学、安全伦理学、安全社区学、安全社会心理学、安全社会工作学、安全社会保障学等；从涉及政治范畴入手，即有安全政治学、安全行政学（包括安全监察）、安全组织学、安全管理学、安全法学、安全政策学（包括安全规划）、安全人权学等；从涉及文化范畴入手，即有安全文化学、安全教育学、安全历史学、安全传播学、安全语言学、安全文艺学、安全美学、安全文学等。

（1）安全经济学

人类的安全水平很大程度上取决于经济水平，经济问题是安全问题的重要根源之一。这种客观存在决定了“安全”具有相对性的特征，安全标准具有时效性的特征。安全活动离不开经济活动的支撑，安全经济活动贯穿于安全科学技术活动的理论和应用范畴。所以，安全经济的诞生既为安全科学丰富了基本理论，也为安全科学增添了应用方法。安全经济的研究对象是根据安全现实与经济效果对立统一的关系，从理论与方法上研究如何使安全活动（安全法规与政策的制定、安全教育与管理的进行、安全工程与技术的实施等），以最佳的方式与人的劳动、生活、生存合理结合起来，最终达到安全生产、安全生活、安全生存的可行和经济合理的目的，从而使社会、企业取得较好的综合效益。

具体来讲，安全经济研究的是以下五个问题：

① 安全经济基本理论。研究社会经济制度、经济结构、经济发展等宏观经济因素对安全的影响以及与人类安全活动的关系；确立安全目标在社会生产、经济发展中的地位和作用；理论上探讨投资增长率与社会经济发展速度的比例关系，把握和控制安全经济规模的发展方向和速度。

② 事故和灾害对社会经济的影响因素。研究不同时期、不同地区、不同行业、不同部门、不同科学技术水平条件下，事故、灾害的损失规律及对社会经济的影响规律；探求分析、评价事故损失的理论及方法，为掌握事故和灾害对社会经济的影响规律提供依据。评价事故对社会经济和企业生产的影响，是分析安全效益、指导安全定量决策的重要基础性工作。事故损失指意外事件造成的生命与健康的丧失、物质或财产的毁坏、时间的损失、环境的破坏，包括事故直接经济损失、事故间接经济损失、事故直接非经济损失、事故间接非经济损失。事故直接经济损失，指与事故事件当时的、直接相联系的、能用货币直接估价的损失；事故间接经济损失，指与事故事件间接相联系的、能用货币直接估价的损失；事故直接非经济损失，指与事故事件当时的、直接相联系的、不能用货币直接定价的损失，事故导致的人的生命与健康、环境的损害等无直接价值（只能间接定价）的损失；事故间接非经济损失，指与事故事件间接相联系的、不能用货币直接定价的损失，如工效影响、商誉损失、政治安定影响等。

③ 安全活动的效果规律。研究如何科学、准确、全面地反映安全的实现对社会和企业的贡献。测定安全的实现对社会和企业所带来的利益，对于制定制度和规划安全投资政策具有重大意义，对于科学地评价安全效益也是不可缺少的技术环节。

④ 安全活动的效益规律。安全效益与生产效益既有联系，又有区别。安全效益不仅包含价值因素的经济效益，还包含非价值因素（健康、安定、幸福等）的社会效益。为此，应细致地研究安全效益的潜在性、间接性、长效性、延时性、综合性、复杂性等特征规律，把安全总体、经济效益充分地揭示出来，为准确评价和控制安全经济活动提供科学的依据。

⑤ 安全经济的科学管理。研究安全经济项目的可行性论证方法、安全经济的投资政策、安全经济的审计制度、事故与灾害的统计方法等安全经济的管理技术和方法，使国家有限的安全经费得以合理使用，最大限度发挥所投资的人、财、物的潜力。

(2) 安全文化

安全文化的概念最先是由国际核安全咨询组（INSAG）于 1988 年针对核

电站的安全问题提出的。1991 年出版的 INSAG-4 报告（即《安全文化》）给出了安全文化的定义：安全文化是存在于单位和个人中的种种素质和态度的总和。

英国保健安全委员会核设施安全咨询委员会（HSCACSNI）认为，INSAG-4 报告的安全文化定义是一个理想化概念，且没有强调能力和精通等必要成分。于是提出了修正的定义：一个单位的安全文化是个人和集体的价值观、态度、想法、能力和行为方式的综合产物，它决定于保健安全管理上的承诺、工作作风和精通程度。具有良好安全文化的单位有如下特征：相互信任基础上的信息交流，共享安全的重要思路，对预防措施效能的信任。

综上所述，安全文化广义的定义可表述为：在人类生存、繁衍和发展历程中，在其从事生产、生活的一切领域内，为保障人类身心安全（含健康）并使其能安全、舒适、高效地从事一切活动，预防、避免、控制和消除意外事故和灾害（自然的、人为的），为建立起安全、可靠、和谐、协调的环境和匹配运行的安全体系，为使人类变得更加安全、康乐、长寿，使世界变得友爱、和平、繁荣而创造的物质财富和精神财富的总和。安全文化是人类文化的组成部分。

简而言之，安全文化是人类在生产、生活、生存活动中，为保护身心安全与健康所创造的有关物质财富和精神财富的总和。

根据人们活动领域、活动方式、活动目的的不同，安全文化可分为具有各种特征的分支学科，例如：企业安全文化、减灾安全文化、社区安全文化、大众安全文化、居家安全文化、休闲保健安全文化、城市减灾安全文化、青少年安全文化、中老年人安全文化等。

安全文化分为安全物质文化与安全精神文化，共包括 4 个层次：

① 安全器物层次。这一层次包括人类为了生活、生产的需要而制造并使用的各种安全防护工具、器具和物品。从古代寻食护身的石器、铜器，到现代各种安全防护器材、装置、仪器仪表，均属于安全文化的器物层次。

器物是文化概念中物质文化的重要内容，是科学思想和审美意识的物化。它是安全文化发展的物质基础，也是安全文化发展历史和水平的标志，不同的器物代表了不同时代的安全文化水平，安全器物层次通常又被称为安全物质文化。

② 安全制度层次。这一层次包括劳动保护、劳动安全与卫生、交通安全、消防安全、环保、防灾减灾等方面的一切社会组织形式和制度。从与安全有关的社会制度、法律制度、政策体制、经济体制以及教育科学体制，直至各种生

产行业、各个社会的组织形式等，均属安全文化的制度层次。安全文化制度层次的变化对安全文化整体的充实、更新和发展往往能起决定性的影响，因为它具有实现社会聚合和社会控制的功能。

③ 安全精神智能层次。这一层次包括安全哲学思想和信仰安全审美意识（安全美学），包括安全文学艺术、安全科学、安全技术以及自然科学、社会科学在安全科学或安全管理方面的理论总和。从本质上看，安全文化的精神智能层次是人关于安全的思想、情感和意志的综合表现，它是人对外部客观世界和自身内心世界的认识能力与辨识结果的综合体现。

④ 安全价值规范层次。这一层次包括人们对安全的价值观和行为规范。美国人类学家安菲尔德说："价值是一种或明确或隐含的观念。这种观念制约着人类在生产实践中的一切选择，一切愿望以及行为的方法和目标。"更明白地说，所谓价值观念，就是人们对什么是真的和什么是假的（鉴定认知）、什么是好的和什么是坏的（鉴定功用）、什么是善的和什么是恶的（鉴定行为）、什么是美的和什么是丑的（鉴定形式）等方面的问题所做出的判断。从价值观考虑，安全文化事业是保护人类能够安全、太平地发展进步，是为他人、为自己、为社会奉献爱心的工作，是美、好、真、善的。价值观念反映在人际关系上，则形成公认的价值标准。这种价值标准存在于人们的内心，制约着人们的行为，这就是所谓的行为规范。行为规范具体表现为道德、风俗、习惯等。价值规范层次处于安全文化系统的深层结构之中，是其中最不易变更的成分。安全文化的器物层次、制度层次都是精神智能层次的物化层或对象层，而安全文化系统的第四个层次——价值规范层次，则是安全文化精神智能层次长期作用形成的心理思索的产物。由此看来，精神智能层次在安全文化结构中占有至关重要的地位，而价值规范层次则被视为它所属的文化系统的特质和核心。

（3）安全心理学

提到"安全""事故"，如果不探讨安全、事故与人的关系，不涉及人的身心安全与健康，安全的现实存在与否，研究或讨论"安全""事故"将毫无意义，因为安全与否是安全心理学产生与建立的必要性和前提。安全心理学是一门研究与安全活动及工作有关的个人的、群体的及组织的心理、行为现象和规律的科学，它是心理学和安全科学渗透、交叉与结合的产物。在某种意义上可以说，安全心理学是心理学在安全领域的应用和延伸。

安全心理学主要关注从心理学的角度研究事故原因，人在事故发生过程中和事故发生时的心理状态、群体特点及组织行为规律等，探索与发现人的因素与事故发生的关系，进而从心理学的角度提出如何有效地进行安全教育、安全文化干预不安全行为，疏导不正常心理状态，矫正不良态度，实施安全心理素质选拔技术，进行灾后心理辅导，以及在劳动组织、劳动制度、操作规程、机器设备作业环境等方面制定有效的预防措施和实施符合安全工效原则的设计，避免操作人员操作错误及行为不当，预防事故发生，保证人员的安全和生产、生活活动的顺利进行。

安全心理学的研究内容主要涉及：

① 事故发生与人的因素的关系；

② 根据事故发生与人的因素的关系研究，探索如何根据人的因素，采取相应的有效的事故预防措施；

③ 分析群体特性，采取保障安全的措施；

④ 认识组织行为，确保组织安全气氛高昂，理顺领导安全管理行为，培育良好的安全文化；

⑤ 根据人的特性，设计操作机器和工作环境，或者选拔合适的人员从事相应的工作、操作相应的机器。

虽然人是事故预防科学关注的对象、焦点和中心，但这并不意味着在事故预防中只研究人的心理和行为。实际上，对事故发生的机制和作为事故背景的各种要素也必须有相当充分的考量与理解。人人都明白，事故虽然是由具体肇事者的心理和行为的异常或失控而造成的，但不能光着眼于肇事者个人，还要考虑行为人所处的物质环境、和他人的关系、规章制度、组织规范等社会环境条件的科学性和适用性。只有从广阔的视野来把握问题，才能建立起预防的观点。就预防事故的观点而论，可以从以下三方面来考虑问题：①状态设定的物理条件；②管理制度等方面的社会条件；③教育、训练方面的个人行为条件。这三个方面是相互联系的。物质方面的条件是根据制度及管理方面来设定的。正确运用和维护这些规章制度是与有关人员的素质紧密相关的。此外，建立何种管理体制取决于人们的安全知识、安全思维、安全意识和安全科技的水平，而个人素质的提高则取决于安全教育、培训和安全文化建设及安全规章的自律程度。

参考文献

[1] 魏俊杰，王戈，刘明举．安全的定义探析 [J]．中国安全科学学报，2019，29（6）：13.

[2] 徐德蜀．安全科学与工程导论［M］．北京：化学工业出版社，2004.
[3] 李树刚．安全科学原理［M］．西安：西北工业大学出版社，2008.
[4] 刘国愈，雷玲．海因里希事故致因理论与安全思想因素分析［J］．安全与环境工程，2013，20(1)：138-42.
[5] 胡传先．轨迹交叉论在安全生产中的运用［J］．铁道物资科学管理，1995，6：25-7.
[6] 段瑜，张开智．安全工程导论［M］．北京：冶金工业出版社，2018.
[7] 金智新．安全结构理论［M］．科学出版社，2012.
[8] 姜伟，佟瑞鹏，傅贵．安全科学与工程导论［M］．北京：中国劳动社会保障出版社，2015.
[9] 吴超．安全科学方法学［M］．北京：中国劳动社会保障出版社，2011.
[10] 周世宁，林柏泉，沈斐敏．安全科学与工程导论［M］．徐州：中国矿业大学出版社，2005.

第 6 章

安全管理

随着科学技术的发展，由单纯技术性、物的可靠性原因导致的事故的比例逐渐下降，而由人的错误操作、组织管理失误等原因导致的事故的比例则居高不下。国内外大量统计资料显示，人因事故占事故总数的 70%以上。人因事故归根结底是组织管理失误造成的不良后果。因此，搞好安全管理工作具有十分重要的意义。

6.1 我国安全管理的形成与发展

人类的意识发展经历了从蒙昧到开化，再到高度文明的长期历史过程，这一演变也在安全管理领域有着深远的影响。在远古时期，人类以采摘、渔猎为生，面临着对自然规律认知水平低、应对自然灾害能力有限的问题。尽管远古人类展现了一定的相互协作，但这更多是出于本能而非明确的安全目标和计划，安全管理的基本要素尚未形成。

随着历史的演进，安全管理在中国不断得到加强和发展，体现在各个领域的法令和管理规定中，如表 6-1 所示。这些仓储、府库防火等方面的规定体现了古代中国在安全管理领域的关注和努力，为后世安全管理制度的建立奠定了基础。

表 6-1 我国古代安全管理的发展案例

年代	文献典籍
公元前 221 年	秦灭六国建立秦朝以后，有关防火法令得到了发展和加强。 我国湖北省云梦县睡虎地秦墓出土了大量竹简，从中整理出了关于秦律的珍贵史料，其中，《内史杂律》就有对仓储、府库防火的安全管理规定："善宿卫，闭门

续表

年代	文献典籍
公元前 221 年	辄靡其旁火，慎守唯敬。有不从令而亡、有败、失火，官吏有重罪，大啬夫、丞任之”“毋敢以火入臧府、书府中”
公元 610 年	隋代巢元方《诸病源候论》中记载：“凡古井家和深坑井中多有毒气，不可辄入……必入者，先下鸡毛试之，若毛旋转不下即有毒，便不可人。”
公元 752 年	唐代王焘《外台秘要》引《小品方》中提出，在有毒物的场所，可用小动物测试，“若有毒，其物即死”
公元 1127 年	宋代孟元老《东京梦华录》记载，开封府城中高处，修建有“望火楼”，楼上“有人瞭望”，楼下“有官屋数间，屯驻军兵百余人”，还有“大小桶、洒子、麻搭、斧锯、梯子、火叉、大索、铁猫儿”等消防设备。一旦发现哪处起火，马上驰报，潜火兵即刻出动，“汲水扑灭，不劳百姓”，首都汴京消防组织相当完善，由军队担负值勤任务

新中国成立之后，我国的安全管理大致分为 6 个阶段，如表 6-2 所示。

表 6-2 我国安全管理发展阶段

阶段		主要内容
1. 建立和发展阶段	三年国民经济恢复时期(1949～1952 年)	1949 年 11 月召开的第一次全国煤矿工作会议提出“煤矿生产，安全第一”。1952 年，第二次全国劳动保护工作会议明确要坚持“安全第一”方针和“管生产必须管安全”的原则
	第一个五年计划时期(1953～1957 年)	确定了“管生产必须同时管安全”的原则，建立了专职安全管理机构。1954 年，新中国第一部宪法把加强劳动保护、改善劳动条件作为国家的基本政策。中央人民政府先后颁布了系列法律法规，安全生产达到了新中国成立以来的最佳水平
2. 停顿和徘徊阶段	受挫阶段(1958～1960 年)	拼体力、拼设备、浮夸冒进之风盛行，生产秩序遭到破坏，伤亡事故大幅度上升，出现了第一次伤亡事故高峰
	探索阶段(1961～1965 年)	总结经验教训，健全规章制度，加强安全管理，重建安全生产秩序，颁布了一系列的安全卫生法规
	动荡和徘徊阶段(1966～1978 年)	安全工作受到了严重破坏，出现了第二次伤亡事故高峰。1976 年，由于脱离社会现实条件，出现第三次伤亡事故高峰，安全工作呈现徘徊不前的局面
3. 恢复与提高阶段(1978～1992 年)		1978 年，中共中央发布了《关于认真做好劳动保护工作的通知》；1979 年，国务院批准劳动总局、卫生部《关于加强厂矿企业防尘防毒工作的报告》。这两个文件对扭转当时安全卫生状况严重不良的局面，起到了关键性的作用。这一阶段中，先后颁布了 150 多项安全卫生标准。1983 年，确定了国家监察、行政管理、群众监督的安全管理体制，我国安全管理工作从行政管理开始跨入法制管理阶段

续表

阶段	主要内容
4. 高速发展阶段 （1993～2002 年）	1993 年开始，经济形势明显好转，事故和职业病又骤然上升，出现了第四次伤亡事故高峰。1993 年以后，先后出台或修订了一系列安全生产基本法或相关法，如《中华人民共和国矿山安全法》（1993 年）、《中华人民共和国劳动法》（1995 年）、《中华人民共和国刑法》（1997 年）、《中华人民共和国消防法》（1998 年）、《中华人民共和国安全生产法》（2002 年）以及《中华人民共和国职业病防治法》（2002 年）等。2000 年以来，国家机构体制进行了改革，先后成立了国家安全生产监督管理局、国家煤矿安全监察局以及国务院安全生产委员会。2001 年，正式颁布《职业健康安全管理体系规范》，我国职业健康安全管理体系标准的实施工作得以全面、正规化展开
5. 应急管理起步发展阶段 （2003～2018 年）	2003 年之后，我国开始了全面性的应急管理体系建设，提出了一案三制（预案、体制、机制、法制），提高了突发公共卫生事件应急能力。2004 年提出“四不放过”原则。2005 年，国家安全生产监督管理局升格为总局，为国务院直属机构，同年发布了《国家突发公共事件总体应急预案》。2006 年设立了首个应急管理的综合性协调机构——国务院应急管理办公室。2006 年国家安全生产应急救援指挥中心的成立，是防范事故灾难、减少事故损失、保障人民生命财产安全的重大举措。2007 年颁布了首部应急管理的综合性法律《中华人民共和国突发事件应对法》，明确规定“国家建立统一领导、综合协调、分类管理、分级负责、属地管理”为主的应急管理体制
6. 大应急管理振兴阶段 （2018 年至今）	2018 年 4 月 16 日，中华人民共和国应急管理部正式挂牌成立。成立应急管理部是将国家的应急资源和力量做进一步的整合和优化，除原有的安全生产救援队伍外，还将地震、防汛抗旱、地质滑坡、森林防火、草原防火等救援力量整合在一起，可以使我国应对突发事件的成效最大化、最优化。目前，我国社会正在从工业社会向后工业社会过渡，社会风险的复杂性与不确定性明显提升。组建应急管理部是我国适应时代发展要求、应对非常规突发事件的必然要求，为我国振兴应急管理提供了千载难逢的契机

6.2 安全管理学理论基础

在管理这一概念中，“管”指的是约束，而“理”则是调理、协调，其内涵不仅有广义和狭义之分，而且随时代变迁呈现不同的诠释和理解。众多管理学家根据各自的观点对管理进行多样化定义，形成了众多管理学派别。综合各家观点，管理可被理解为管理者经济、有效地运用组织资源，通过计划、组织、指挥、协调和控制等一系列行为使组织成功达成既定目标的过程。

6.2.1 科学管理理论

科学管理理论，又称为古典管理理论，主要包括美国泰勒的科学管理理论、法国法约尔的一般管理理论和德国韦伯的理想行政组织体系理论。

(1) 泰勒的科学管理理论

泰勒（Taylor，1859—1915），美国人，他的科学管理理论核心包括以下几点：

① 科学管理的核心问题在于提高劳动生产率；

② 每项工作必须选择“第一流的工人”；

③ 强调标准化管理；

④ 实行“差别计件工资制”；

⑤ 强调雇主与工人合作的“精神革命”；

⑥ 主张计划与执行相分离。

(2) 法约尔的一般管理理论

亨利·法约尔（H. Fayol，1841—1925），法国人，古典管理理论的主要代表人之一，被后人尊称为管理理论之父。法约尔的一般管理理论将企业整体视为研究对象，认为管理理论是经过普遍经验检验的一套原则、标准、方法和程序。他强调管理活动独立于经营职能，强调教育的必要性，并提出五大管理职能和十四项管理原则。

(3) 韦伯的理想行政组织体系理论

马克斯·韦伯（Max Weber，1864—1920），德国人是一位著名的社会学家，他在管理理论领域的研究主要聚焦于组织理论，其中尤为重要的贡献在于提出了理想的行政组织体系理论。这一理论的核心理念是通过职务或职位而不是个人或世袭地位来管理组织活动。韦伯在《社会组织与经济组织》中详细阐述了这一观点。他所指的“理想”并非指最符合需要的，而是指在现代社会中最有效和最合理的组织形式。这种理想体系具有以下特点：

① 明确的分工：每个职位的权责应当清晰规定，人员应按职业专业化进行分工。

② 自上而下的等级制度：组织内各职位按等级原则有序排列，形成自上

而下的等级体系。

③ 人员选拔：人员的选拔应完全基于职务需求，需通过正式考核和教育培训。

④ 职业管理人员：管理人员应有明确的薪酬和晋升制度，构成一种职业管理队伍。

⑤ 遵守规则和纪律：管理人员必须严格遵守组织规章制度和办事程序。

⑥ 人际关系：组织内人员关系完全以理性准则为准，职位关系不受个人情感影响，并应适用于内外关系。

韦伯认为，这种高度结构化、正式化且非人格化的理想行政组织体系是有效的控制手段，能够有效实现目标和提高效率。这种组织形式在精确性、稳定性、纪律性和可靠性方面胜于其他形式，适用于当时各类管理工作和不断增长的大型组织，如教会、国家机构、军队、政党、企业以及各类团体。韦伯的理论在一定程度上补充了泰勒和法约尔的观点，对后来的管理工作，尤其是组织理论研究产生了深远影响，因此他被尊称为“组织理论之父”。

6.2.2　行为科学理论

行为科学理论作为管理理论的第二阶段，起源于 20 世纪 20 年代的“人际关系学说”。该理论认为，唯有从个体行为本质中激发动力，才能提高效率。其研究旨在分析工人在生产中的行为及其原因，以调节企业内人际关系，提升生产率。其研究内容主要包括人的本性和需求、行为动机以及人际关系。

（1）梅奥的霍桑实验

梅奥的霍桑实验是 20 世纪 20 年代由美国国家研究委员会与美国西屋电气公司联合进行的一系列实验，旨在研究工作条件、社会因素与生产效率之间的关系。这些实验在霍桑工厂进行，因此后人将其称为霍桑实验，梅奥是该实验的代表人物。实验最终得出三条结论：

① 人是社会人，不仅仅是“经济人”；

② 企业中不但存在正式组织，而且存在非正式组织；

③ 新的领导能力在于提高职工的满意度，在于通过提高职工的满意度来鼓舞职工的士气。

这三条结论构成了早期人际关系学说的主要内容，也是后期行为科学的理论基础。

（2）人际关系学说

在霍桑实验的基础上，梅奥创立了人际关系学说，提出了与古典管理理论不同的新观点、新思想。人际关系学说是管理理论中的一个重要分支，其主要内容包括：

① 将职工视为“社会人”，强调满足工人的社会欲望和提高工人的士气是提高生产率的关键。

② 企业存在着“非正式组织”，这种组织与“正式组织”有着显著的区别。在“正式组织”中，效率是重要标准，而在“非正式组织”中，情感逻辑更为重要。两者相互依存，对生产效率有着重要影响。

人际关系学说的出现开拓了管理理论研究的新领域，弥补了古典管理理论忽视人的社会性的不足。同时，它为后续行为科学的发展奠定了基础。

（3）有关行为科学的理论

行为科学源于 20 世纪 20 年代末、30 年代初的霍桑实验，由美国哈佛大学教授梅奥创始。1949 年，美国芝加哥举办的一次会议将其命名为行为科学。1953 年，美国福特基金会举办的会议将其定名为行为科学。

行为科学包括广义和狭义两种含义。广义的行为科学运用类似自然科学的方法研究人在自然和社会环境中的行为。狭义的行为科学则专注于工作环境中个人和群体行为的研究，进而发展为组织行为学，研究包括个体行为、团体行为和组织行为三个层次。个体行为理论涵盖人的需求、动机和激励以及人性等内容。团体行为理论包括正式团体和非正式团体，研究团体发展的各种因素和相互作用。组织行为理论主要探讨领导理论、组织变革和组织发展理论。

6.2.3 现代管理理论

第二次世界大战以来，随着现代自然科学和技术的日新月异，生产和组织规模急剧扩大，生产力迅速发展，生产社会化程度不断提高，管理理论引起了人们的普遍重视。随着管理思想的丰富和发展，出现了许多新的管理理论和管理学说，并形成众多的学派。这些理论和学派，被孔茨（Harold Koontz，1908—1984）称为“管理理论丛林”。尽管各学派相互独立，但它们的基本目的是相同的。目前较为常见的理论包括管理过程学派、社会合作学派、经验学派、人际关系行为学派等。

6.2.4 安全管理的基本原理

生产活动作为人类认识自然、改造自然的基础实践，是人类生存和发展的必要条件。然而，生产活动中的意外事件和灾害威胁着人类的生存。安全管理的基础理论在长期实践中不断完善，成为解决安全问题的依据。安全管理基本原理是对管理学基本原理的继承和发展，主要包括系统原理、人本原理、预防原理、强制原理和责任原理。

（1）系统原理及原则

系统原理是指在管理中应用系统理论、观点和方法，对管理活动进行系统分析，以实现优化管理目标。在管理活动中运用系统原理通常需要遵循动态相关性原则、整分合原则、弹性原则、反馈原则、封闭原则。

（2）人本原理及原则

人本原理是指在管理实践中，必须将人的角色置于首要位置，体现以人为本的管理指导思想。人既是管理者的主体，也是被管理者的客体，每个人都处于一定的管理层级中。没有人的存在，管理便失去了意义。因此，人是管理活动的主要对象和重要资源。在管理实践中，各种管理要素和流程（如组织结构、规章制度等）都需要人来管理、执行、推动和实施。为了有效发挥人本原理的作用，激发人的积极性，必须贯彻能级原则、动力原则、激励原则等。

（3）预防原理及原则

在安全生产管理中，预防原理至关重要，强调通过有效管理和技术手段预防人的不安全行为和物的不安全状态，降低事故发生的概率。预防工作的本质是在可能导致人身伤害、设备损坏或环境破坏的情况下，提前采取措施预防事故发生。与预防相对应的是事后处理，预防是积极主动的方法，是安全管理的首要手段。运用预防原理需要遵循偶然损失原则、因果关系原则、“3E”原则（工程技术、教育、法制）、本质安全化原则等。

（4）强制原理及原则

强制管理手段控制人意愿、行为，确保个人活动遵循安全要求，实现有效安全生产管理。实现安全强制管理需合理的法律、法规、标准及规章制度，塑造安全行为规范，设立严格管理监督系统，确保遵守规范，违反规范有严厉惩罚。

(5) 责任原理及原则

在合理的分工基础上，明确规定部门与个人必须完成的工作任务及责任，即责任原理。责任原理应遵循以下原则：职责界限明确，职责内容具体并明确规定，职责中包括横向联系的内容，职责必须分配到每个人，确保事事有人负责等。

6.2.5 双重预防机制

安全风险分级管控机制和隐患排查治理机制，合称双重预防机制。简单来说，以安全风险辨识和管控为基础，从源头上系统辨识风险、分级管控风险，努力把各类风险控制在可接受范围内，杜绝和减少事故隐患，这是第一重“预防”；以隐患排查和治理为手段，认真排查风险管控过程中出现的缺失、漏洞和风险控制失效环节，坚决把隐患消灭在事故发生之前，这就是第二重“预防”。双重预防机制的内容如图 6-1 所示。主要内容包含以下十个方面：①建立执行全员安全生产责任制；②建立执行风险分级管控制度；③建立执行隐患排查治理制度；④建立风险辨识管控清单；⑤建立隐患排查治理台账；⑥绘制风险分级四色（红橙黄蓝）分布平面图；⑦绘制岗位作业风险比较四色（红橙黄蓝）柱状图；⑧设置企业重大风险公告栏；⑨制作岗位风险管控应知应会卡；⑩制作岗位事故应急处置卡。

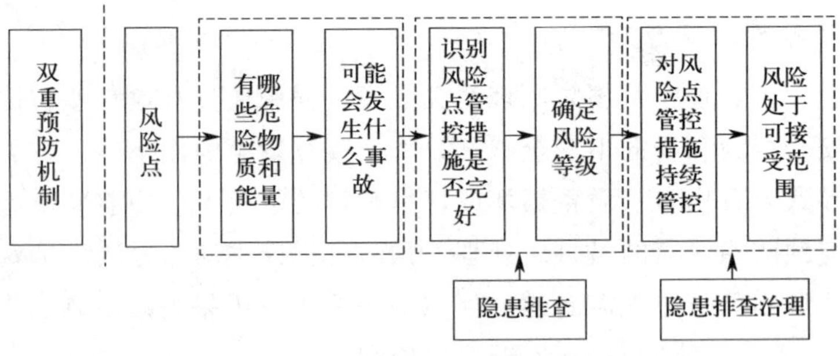

图 6-1 双重预防机制内容

在现行的法律法规中，双重预防机制也得到高度重视。例如《中华人民共和国安全生产法》第四条要求“构建安全风险分级管控和隐患排查治理双重预防机制，健全风险防范化解机制，提高安全生产水平，确保安全生产”；《中华人民共和国安全生产法》第二十一条要求，生产经营单位的主要负责人对本单位安全生产工作履行“组织建立并落实安全风险分级管控和隐患排查治理双重预防工作机制，督促、检查本单位的安全生产工作，及时消除生产安全事故隐患”的职责。

针对高风险工艺、高风险设备、高风险场所、高风险岗位和高风险物品等，建立分级管控制度，制定落实安全操作规程。风险分级管控程序包括：

① 排查风险点：排查伴随风险的部位、场所、设备、设施或区域。

② 危险源辨识：按照人、物、环境和管理四个层面进行危险源辨识。

③ 风险评价和定级：对危险源进行风险评价，确定风险等级。

④ 策划风险控制措施：按照工程技术、管理、防护和应急处置逻辑顺序制定实施完善的风险控制措施。

风险一般分为四级，分别是重大风险（红色风险）、较大风险（橙色风险）、一般风险（黄色风险）和低风险（蓝色风险）。

6.3　安全管理组织机构

我国现在实行“国家监察、行业管理、企业负责、群众和媒体监督、劳动者遵章守纪”的安全管理体制。这五个方面有一个共同目标，就是从不同的角度、不同的层次、不同的方面来推动“安全第一、预防为主、综合治理”方针的贯彻，协调一致搞好安全生产。2021 年，《中华人民共和国安全生产法》再次修订，强调安全生产工作坚持中国共产党的领导，安全生产工作应当以人为本，坚持人民至上、生命至上，坚持“安全第一、预防为主、综合治理”的总体方针，明确管行业必须管安全、管业务必须管安全、管生产经营必须管安全。目前，我国已经形成一套较为完整的安全生产管理组织机构体系。

6.3.1　政府安全管理部门

（1）中华人民共和国应急管理部

中华人民共和国应急管理部（简称“应急管理部”）负有组织编制国家应急总体预案和规划，指导各地区各部门应对突发事件工作，推动应急预案体系建设和预案演练的职责。应急管理部建立灾情报告系统并统一发布灾情，统筹应急力量建设和物资储备并在救灾时统一调度，组织灾害救助体系建设，指导安全生产类、自然灾害类应急救援，承担国家应对特别重大灾害指挥部工作。应急管理部不仅要指导火灾、水旱灾害、地质灾害等防治，也负责安全生产综合监督管理和工矿商贸行业安全生产监督管理等。应急管理部负责处理好防灾和救灾的关系，明确与相关部门和地方各自职责分工，建立协调配合机制。应急管理部下设国家防汛抗旱总指挥部、国务院抗震救灾指挥部、国务院安全生产委员会、国家森林草原防灭火指挥部、国家防灾减灾救灾委员会等议事机构。与此同时，应急管理部下辖国家安全生产应急救援中心、国家消防救援局、国家矿山安全监察局、中国地震局等多个副部级单位，如图 6-2 所示。

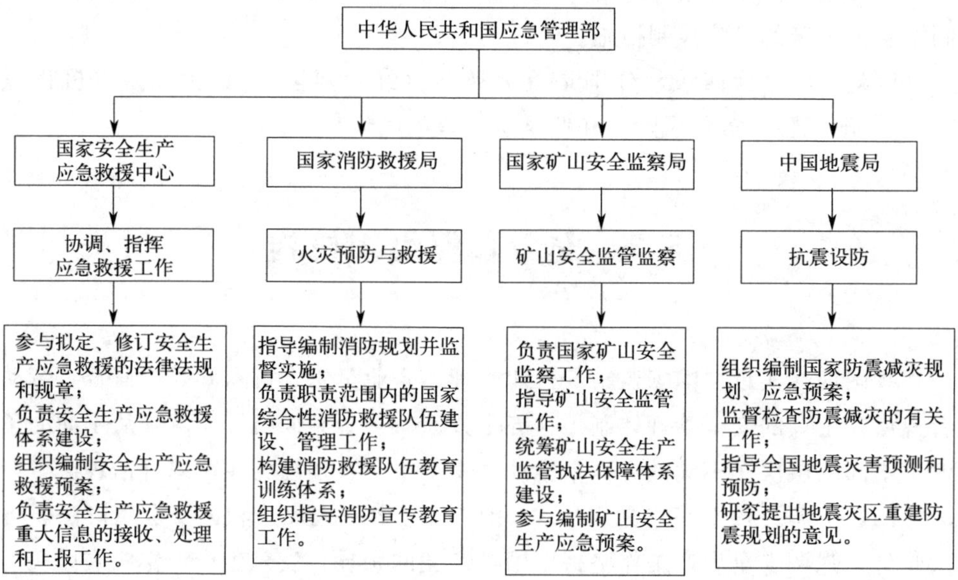

图 6-2　应急管理部下属机构及其职能

（2）省级应急管理机构

2018 年，31 个省（自治区、直辖市）和新疆生产建设兵团全部组建应急管理厅局。省级应急管理厅负有组织编制本省应急总体预案和规划，指导全省各地区各部门应对突发事件工作，推动应急预案体系建设和预案演练的责任。省级应急管理系统负责建立本省灾情报告系统并统一发布灾情，统筹应急力量建设和物资储备并在救灾时统一调度，组织灾害救助体系建设，指导安全生产类、自然灾害类应急救援。同时，省级应急管理系统负有指导火灾、水旱灾害、地质灾害等灾害防治的职能。此外，省级应急管理系统须要负责安全生产综合监督管理和工矿商贸行业安全生产监督管理等。

省级应急管理系统通常根据各省自身情况下辖多个直属单位。以福建省应急管理厅为例，其下辖福建省安全生产科学研究院、福建省应急技术中心（福建省危险化学品登记注册中心）、福建省应急救援中心、福建省减灾中心、福建省航空应急救援中心等五个直属单位。

浙江省、海南省、西藏自治区、北京市、天津市、上海市等虽然设立省级应急管理厅局，但是并未设立国家矿山安全监察局省级机构。

（3）市级应急管理机构

2018 年年底至 2019 年年初，各地按照《中共中央关于深化党和国家机构改革的决定》，整合多个部门的职能，成立了市级应急管理局。市级应急管理局是市政府工作部门，一般为正处级。各地应急管理局的职能会根据地方的产业结构略微调整，但是基本职能大致相同。以福州市为例，福州市应急管理局负责指导应对突发事件和综合防灾减灾救灾工作；牵头组织编制全市应急预案体系建设、安全生产和综合防灾减灾规划，组织起草相关地方性法规、政府规章，并指导监督实施；负责安全生产综合监督管理工作；指导应急预案体系建设；按要求建立统一的应急管埋信息系统；组织指导协调安全生产类、自然灾害类等突发事件应急救援；统一协调指挥各类应急专业队伍；统筹应急救援力量建设；指导协调消防工作；指导协调森林和草地火灾、水旱灾害、地震和地质灾害等防治工作，组织协调灾害救助工作；指导协调、监督检查市直有关部门和各县（市）区及高新区安全生产工作；依法组织较大生产安全事故调查处理，指导监督一般生产安全事故查处；开展应急管理方面的交流与合作；制定应急物资储备和应急救援装备规划并组织实施；负责应急管理、安全生产宣传教育和培训工作；承担市政府安全生产委员会、市减灾委员会的日常工作；完成市委和市政府交办的其他任务等职能。

各市级应急管理局的直属单位会略有不同。例如，福州市应急管理局下辖福州市安全生产执法支队和福州市安全生产应急救援中心两个直属单位，而宁德市下辖宁德市应急管理综合执法支队、应急指挥中心、应急救援中心、应急技术中心 4 个直属单位。

（4）县级应急管理机构

县级应急管理局是县政府工作部门，一般为正科级。各地县级应急管理局职能虽然略有差别，但是基本职能大致相同。以福州市闽侯县为例，其主要职责包括：组织编制全县应急总体预案和规划，指导全县各级各部门应对安全生产类、自然灾害类突发事件，推动应急预案体系建设和预案演练；指导落实监测预警和灾情报告制度，依法统一发布灾情，统筹应急力量建设和物资储备并在救灾时统一调度，组织灾害救助体系建设，指导安全生产类、自然灾害类应急救援，指导火灾、水旱灾害、地质灾害等防治；负责安全生产综合监督管理和负责工矿、商贸、危险化学品和烟花爆竹安全生产监督管理等，承担县安全生产委员会办公室、防汛抗旱指挥部办公室、森林防灭火指挥部办公室工作。

6.3.2 安全管理社会组织

(1) 中国安全生产协会

中国安全生产协会是面向全国安全生产领域，由各相关企业、事业单位、社会团体、科研机构、大专院校以及专家、学者自愿组成的，并依法经民政部批准登记成立的全国性、非营利性的社会团体。

协会设有综合管理部、资产财务部、宣传教育培训部、组织联络部、标准化办公室、科技发展部、国际合作部等部门，设立教育培训、安全评价、班组安全建设、安全文化、信息化、中小学安全教育等工作委员会，危险化学品、劳动防护、冶金安全、矿山安全、安全生产检测检验、矿用产品、轨道交通建设安全等专业委员会，并专门成立了协会专家委员会。

主要业务范围包括，组织开展安全生产方面的调查研究，为国家制定安全生产法律法规、方针政策、发展规划和安全生产重大决策提出意见和建议；参与国家安全生产法律法规、发展规划、标准规范的研究和制定；收集、分析、交流安全生产信息，编辑、出版会刊，开展安全生产自律活动；组织安全生产新技术、新产品、新成果的研究、鉴定、评定、展销和推广应用，推动安全生产科技创新，促进安全生产科技进步，为实施“科技兴安”战略服务；贯彻“安全第一、预防为主、综合治理”的安全生产方针，总结、交流和推广安全生产先进管理经验，组织实施安全生产标准化工作，提高企业安全管理水平；开展安全生产宣传和教育、培训活动，增强全民安全意识，提高安全文化素质；承担安全评价、安全培训的资质认定、资格认可前期工作；开展安全生产公益性活动和咨询服务；开展安全生产国际合作和交流活动；为会员服务，反映会员的意见和要求，维护安全生产工作者的合法权益；承办政府部门和有关单位委托的其他事项。

(2) 中国职业安全健康协会

中国职业安全健康协会（以下简称协会）是在民政部注册的我国安全生产、职业健康与应急管理领域成立最早、规模最大、影响力较大、实力较强的全国性、行业性社会组织，具有多学科、跨领域、综合性特点，是推动和发展我国职业安全健康事业、保护劳动者安全健康的重要社会力量。协会的工作接受中央社会工作部的统一领导，并接受民政部、应急管理部和国家卫生健康委的业务指导和监督管理，是中国科协的团体会员单位。

协会（秘书处）设党委办公室（政治工作部）、行政办公室（专家工作部）、国家监察委员会（审计工作部、监事服务部）、人事管理部、会员工作部、对外合作部（论坛会展部、外事办公室）、国家安全部（应急业务部）、化工（危化）一部、化工（危化）二部、煤矿业务部、非煤矿山部、工贸冶金部、职业健康部、科技工作部、综合培训部、教育培训部、资产财务部（经营管理部）等 17 个部门，以及新闻媒体中心（《职业安全健康》报社）、《中国安全科学学报》杂志社等单位和中职安健（北京）科技发展有限公司等企业。

协会建立的专家库，有 2000 多名专家学者，涉及安全管理、石油化工、机电安全、防火防爆、防尘防毒、特种设备、铁路运输、噪声与振动、职业卫生、检测与监控、个体防护、矿山安全、地质安全、社区安全等多个专业领域。同时，协会组建了专家咨询委员会，现有国内各行业领域权威安全管理、技术专家 260 余人，为协会开展各项工作提供了有力支撑。协会与北京大学、清华大学、同济大学、中国矿业大学、中国石油大学、昆明理工大学、上海应用技术大学和中国安全生产科学研究院等国家重点高校、科研机构及相关地方政府、经济开发区、工业园区和高新技术园区建立了良好的战略合作关系。

(3) 中国化学品安全协会

中国化学品安全协会成立于 2006 年 5 月 18 日，现有会员单位数百家，包括中国石油化工集团有限公司、中国石油天然气集团有限公司、中国海洋石油集团有限公司、中国化学工程集团有限公司、中国中化控股有限责任公司等特大型石油和化工企业，以及氯碱、化肥、精细化工等行业的骨干企业。协会既是行业自律性组织，也是推动和发展我国化学品安全生产事业的重要社会力量。

中国化学品安全协会的重点业务包括：化工园区安全生产现状诊断评估、化工园区安全监管常驻专家服务保障、安全标准化一级企业培置及评审、化工企业安全生产水平审核评估、化工过程安全管理绩效提升服务、HAZOP/LOPA/SIL推广应用、化工企业安全教育培训体系建设、化工企业安全法规标准符合性服务、精细化工企业自动化智能化技术服务、安全信息化管理平台建设。

(4) 中国安全防范产品行业协会

中国安全防范产品行业协会（以下简称“中国安防协会”）于1992年12月8日在北京成立，是由从事安全防范产品等相关行业的企事业单位、社会团体及个人自愿组成的全国性、行业性、非营利性的社会组织（China Security & Protection Industry Association，CSPIA）。

中国安防协会目前拥有在中国境内从事防入侵、防盗窃、防抢劫、防破坏、防爆炸等安防领域的会员企业2100多家，涵盖视频监控、防爆安检、安全报警、出入口控制、实体防护、防伪技术与人体生物特征识别应用技术等安防产品的研发、生产、经营，安全技术防范系统工程设计施工、报警运营服务，以及从事安防教育培训、咨询服务、检测与评价、中介技术服务等活动的相关单位、团体或个人。

(5) 中国公共安全技术防范行业协会

中国公共安全技术防范行业协会（China public security technology prevention Industry Association）经中国香港特别行政区政府批准成立。其业务是安全技术防范系统工程设计、施工、维护，从事安防报警运营服务，以及为相关的企事业单位提供服务。中国公共安全技术防范行业协会严格遵守宪法、法律、法规和国家政策，在政府有关部门的指导下，依靠行业的集体力量，推动中国安全技术防范行业的发展，为会员单位的共同利益服务；维护行业与会员单位的合法权益，加强行业自律，发挥政府部门的助手作用；发展与国内外相关组织的经济技术交流，以促进全行业技术、管理水平和经济效益的不断提高；推进安全防范工作的发展，为社会安定和社会公共安全事业做出应有的贡献。

(6) 中国消防协会

中国消防协会是1984年经公安部和中国科协批准，并经民政部依法登记成立的由消防科技工作者、消防专业工作者以及科研、教学、企业、中介服务机构等单位自愿组成的全国性、行业性社会团体，是非营利性社会组织。中国消防协会的主要业务范围和职能包括，消防学术交流、消防科普宣传教育、消防科技服务、消防会展、团体标准制定、行业自律管理、国际交流与合作等。

中国消防协会原业务主管单位是中国科学技术学会，业务上同时接受应急管理部、应急管理部消防救援局的领导。根据中央统一部署，2020 年，协会完成了与中国科协和应急管理部、应急管理部消防救援局的脱钩改革，落实了“机构、职能、资产财务、人员管理和党建、外事等工作”五分离要求。脱钩后，中国消防协会继续作为团体会员参加中国科协的各项活动，协会理事会党委接受中国科协科技社团党委的领导；应急管理部消防救援局在消防救援业务上对协会进行监督指导。

6.3.3　企业安全管理机构

安全管理是企业生产管理的重要组成部分，是一门综合性的系统科学。安全管理的对象是生产中一切人、物、环境，是一种动态管理。安全管理，主要是组织实施企业安全管理规划、指导、检查和决策，同时，又是保证生产处于最佳安全状态的根本环节。目前，企业主要参照《Occupational health and safety management systems-Requirements with guidance for use》（ISO 45001—2018）、《安全管理体系要求》（GB/T 43500—2023）、《企业安全生产标准化基本规范》（GB/T 33000—2016）、《企业安全生产标准化建设定级办法》等文件，构建自身专职安全生产管理团队。例如，宁德时代新能源科技股份有限公司设置“环境健康与国家安全部（EHS）”作为安全生产管理机构；福建省能源集团有限责任公司设置“安全生产监察室”作为安全生产管理机构；国家能源投资集团有限责任公司设置“安全环保国家监察委员会”作为安全生产管理机构。

6.4　安全文化

6.4.1　安全文化的定义

国际原子能机构（IAEA）国际安全咨询组（International Nuclear Safety Advisory Group，INSAG）于 1986 年的《切尔诺贝利事故后评审会议总结报告》中首次提出“安全文化”一词。1991 年，国际安全咨询组（INSAG）出版了《安全文化》(INSAG-4)，对安全文化做出了如下定义：安全文化(safety culture)是存在于单位和个人中的种种素质和态度的总和。

目前，在国内许多关于安全文化的论文或宣传材料中，看到诸如“提高全民安全文化素质”“倡导安全文化”“普及安全文化”“学习安全文化”等说法，这些说法实际上都是将安全文化看作一种人们对安全与健康的意识、观念、态度、知识和能力等的综合体，而不是广义安全文化的概念。从广义的角度，安全文化不仅包涵安全理念、安全意识、安全情感、安全价值观、安全态度、安全心理、安全认知、安全行为准则等“内化”文化素质，还包涵安全理论体系、安全知识系统、安全行为方式、安全行为习惯、安全制度、安全标准、安全环境和氛围等“外化”文化表象和载体。

综上所述，要统一安全文化的定义是困难的，也是没有必要的，但据各种定义或概念，可总结归纳出如下共识：

① 安全文化的基本出发点是“以人为本、安全第一”；

② 安全文化的范畴既包括精神、思想层面的，也包括行为、制度、物态层面的；

③ 安全文化的内涵是安全观念文化和安全行为文化；

④ 安全文化的外延涉及安全科技、安全管理和安全制度及安全环境等；

⑤ 安全文化的基本形态是人的安全意识、态度、价值观、行为方式等；

⑥ 安全文化建设的目的是提高人的安全素养，实现“人本安全”。

6.4.2 安全文化的建设与实践

《“十四五”国家安全生产规划》中明确提出要“鼓励安全文化作品创作，丰富安全生产宣传产品，创新安全文化服务方式和手段，开展安全生产公益宣传活动”，持续实施“安全生产月”“安全生产万里行”系列精品活动项目，同时要“推动建设具有城市特色的安全文化教育体验基地与场馆，加快推进企业安全文化建设”。

安全文化建设除了关注人的知识、技能、意识、思想、观念、态度和道德等内在素质外，还重视人的行为、安全装置、生产设施和设备、工具材料和环境等外在因素。安全文化建设的重要意义有以下几个方面：

① 全面提高企业全员安全文化素质；

② 提高企业安全管理的水平和层次；

③ 营造浓厚的安全生产氛围；

④ 树立企业良好的外部形象。

企业文化作为企业的商誉资源，是企业核心竞争力的一个重要体现。优秀的企业文化有利于树立企业良好的外部形象，提升企业核心竞争力中的软实力，在投标、信贷、寻求合作、占有市场和吸引人才等方面发挥出巨大的作用。

为了切实加强企业安全文化建设，夯实安全生产基层基础工作，提升企业安全管理水平，预防和减少生产安全事故，推动企业安全生产长效机制建设，从 2010 年开始，国家安全生产监督管理局开展了安全文化建设示范企业评选活动。评选全国安全文化建设示范企业的基本条件是，企业在申报前 3 年内未发生死亡或一次 3 人（含）以上重伤生产安全责任事故。目前，每年的全国安全文化建设示范企业名单会在中国安全生产协会的官网上公布，从发文之日起有效期 3 年。

6.5 HSE 管理体系

6.5.1 HSE 管理体系发展概况

（1）HSE 管理体系的产生

HSE 管理体系源于石油石化企业的管理要求，是石油勘探企业多年管理经验积累的成果，是国际石油化工行业通行的一种科学、系统的管理体系，体现了完整的一体化管理思想。石油、石化、化工行业是高风险、高危害、高投入的行业，其行业特点是系统生产的连续性、工艺技术的复杂性、生产介质的危害性。其生产原料和产品具有易燃、易爆性质，人为操作失误、设备缺陷以及自然灾害等极易引发火灾、爆炸和环境污染事故，会造成相当大的危害或损失，对政治和经济影响巨大。因此，必须采取有效措施以减少或避免重大事故和重大环境污染事件的发生。针对这种需求，相关企业进行了探索研究，20 世纪 60 年代以前主要体现安全方面的要求；70 年代以后，加入了对人的行为的研究，注重考察人与环境的相互关系；80 年代以后，逐渐发展形成了一系列安全管理的思想和方法，由此促进了 HSE 管理体系的产生。

（2）我国 HSE 管理体系的发展历程

1997 年 6 月 27 日正式颁布了石油天然气行业标准 SY/T 6276—1997《石

油天然气工业健康、安全与环境管理体系》，自 1997 年 9 月 1 日起实施。目前，国内石油石化企业均已建立实施 HSE 管理体系，在提高企业安全环保管理水平的同时，降低了成本，树立了良好的企业形象，促进了企业的健康发展。1997 年 6 月，中国石油集团发布了《管理手册》A 版，建立体系试点并建立 HSE 培训中心，开展 HSE 认证。2001 年 2 月，中国石油化工集团公司发布了《中国石油化工集团公司安全环境与健康（HSE）管理体系》《油田企业安全、环境与健康（HSE）管理规范》《炼油化工企业安全、环境与健康（HSE）管理规范》等文件，形成了系统的 HSE 管理体系标准。2004 年，中国石油集团制定了企业标准 Q/CNPC 104.1—2004《健康、安全与环境管理体系 第一部分：规范》，实行安全管理、监督两条线，推行基层“两书一表”，全面推行 HSE 认证。2007 年 8 月，中国石油集团为了实现 HSE 管理与国际接轨和跨越式发展，认真总结过去 HSE 管理工作的经验和教训，引入国际先进的 HSE 管理理念和方法工具，以构建中国石油特色的 HSE 管理体系为目标，发布了新的企业标准 Q/SY 1002.1—2007《健康安全与环境管理体系 第 1 部分：规范》。新版体系文件统一、规范、可操作。中国石油集团以构建中国石油特色的 HSE 管理体系为目标，建立了完善的制度和标准体系、培训和咨询体系、考核和认证体系，全面推行 HSE 管理体系建设，进一步开展了 HSE 管理体系推进工作。

6.5.2 HSE 管理体系的概念、特点及作用

（1）HSE 管理体系的概念

HSE 管理体系（health，safety and environment management systems）可以简单地用 HSEMS 表示，是指一个组织在其自身活动中，对可能引发的风险事前采取管理措施，控制其发生，以减少可能引起的人员伤害、财产损失和环境破坏，最终实现企业的 HSE 方针和目标的一种系统的管理方法。它由实施 HSE 管理的组织机构、职责、惯例、程序、过程和资源等要素构成，这些要素通过先进、科学的运行模式有机地融合在一起，相互关联、相互作用，形成一套结构化动态管理系统。HSE 管理体系突出“以人为本、预防为主、全员参与、持续改进”的先进理念，具有高度自我约束、自我完善、自我激励的机制，是石油、天然气等高危企业实现现代化管理，与国际市场竞争的需要。

（2）HSE 管理体系的特点

HSE 管理体系具有五大特点，即 PDCA 运行模式、全员参与、事故和污染预防、监控机制和持续改进。

① PDCA 运行模式。HSE 管理体系是基于戴明（W. Edwards Deming）的计划—实施—检查—改进（PDCA）运行模式而运行的。

② 全员参与。人员是企业最宝贵的资产，各级人员都是企业的根本，只有他们充分参与，才能使他们的才干为组织带来收益。HSE 管理体系充分体现了全员参与的理念，在确定各岗位的职责进行危险源辨识、人员培训、审核时，均要求全员参与。通过广泛参与，形成了组织的 HSE 文化，使 HSE 理念转化为每个员工的日常行为。

③ 事故和污染预防。HSE 管理体系始终强调预防为主原则。它强调全过程的管理，重在事故和污染源头的削减和全过程控制。事故和污染预防的作用在于消除环境对人体的危害和降低有害的环境影响。事故和污染预防的过程应体现在能够消除、降低、减少、控制任何危险源。事故和污染预防的形式分为从源头消除、材料或能源替代、隔离危险源和人员、采用联锁装置、警告个体防护、对资源有效利用、再回收利用、再循环以及培训和教育。

④ 监控机制。HSE 管理体系具有三级监控机制。这一特点是 HSE 管理体系的精髓。一级监控是指操作者进行的日常监控，是随时发现问题随时解决问题的监控；二级监控是由内审员进行的内部审核，是集中发现问题集中解决问题的监控；三级监控是由最高管理者主持的管理评审，解决前两级解决不了的问题。HSE 管理体系从点、面、球三个不同的层面实现了对 HSE 管理运行的监控。

⑤ 持续改进。持续改进是任何一个管理体系运行的永恒目标。企业应不断对健康、安全和环境绩效进行比较，发现不足，然后加以改进，力争达到逐步改善的目的。

（3）HSE 管理体系的作用

HSE 管理体系在企业管理中具有极其重要的作用，它是企业减少可能的人员伤害、财产损失、环境破坏和改善 HSE 绩效的有效管理方法。

① 贯彻国家可持续发展战略要求。为了保护人类生存和发展的需要，我国政府在《中华人民共和国国民经济和社会发展“九五”计划和二〇三五年远景目标纲要》中提出了国家的可持续发展战略。该纲要指出，促进企业组织的发展，就必须建立和实施符合我国法律法规和有关安全、劳动卫生、环境标准

要求的 HSE 管理体系，有效地规范生产活动，进行全过程的控制，满足安全生产、人员健康和环境保护的需要，实现国民经济的可持续发展。

② 减少组织的成本，节约能源和资源。调查数据显示，污染物、安全事故、生产性疾病（职业病）的产生几乎都是由不良的管理体系、技术活动、工艺设计或生产控制造成的。只有通过实施 HSE 管理，摒弃传统的处理方法，采取积极的事前预防措施，对组织的生产实行全面的控制，建立一整套管理体系，才能大大降低事故发生率，减少环境污染，降低能源消耗，减少事故处理、环境治理、废物处理和预防职业病发生的费用，提高组织的经济效益。

③ 减少各类事故的发生。近年来，各行业的各类安全、污染事故时有发生，如火灾、油井失控、触电、机械伤害、高空坠落、环境污染等，大多数事故都是由管理不严、操作人员疏忽引起的。为最大限度地避免事故的发生，必须在事故发生时，通过 HSE 管理体系有组织地系统性控制处理，使影响和损失降到最低。

④ 提高组织 HSE 管理水平。推行 HSE 管理体系，可以帮助组织规范 HSE 管理，加强 HSE 方面的教育培训，提高重视程度，进而引进新的监测、规划、评价等管理技术，加强审核和评审，使组织在符合法规规定、健全管理机制、改进管理质量、提高运营效率等方面建立全新的战略和一体化的管理模式，达到国际先进水平。

⑤ 改善组织形象，提高其综合效益。随着生活水平的不断提高，社会对清洁生产、优化环境、人身及财产安全的要求也日益提高。如果企业发生事故，既会造成巨大经济损失，又会污染环境，给人们留下技术落后、生产管理水平低劣的印象，甚至会恶化企业与当地居民之间的关系，从而给企业的生产经营活动造成许多困难。而实施 HSE 管理体系能减少和避免事故的发生，大大降低用于处理事故的开支，由此既能提高企业经济效益，又能改善组织形象，增强市场竞争优势。

6.5.3 HSE 管理体系的构成要素

（1）HSE 管理体系的基本要素

① 领导和承诺。领导和承诺是企业自上而下的各级管理层的领导和承诺，它是 HSE 管理体系建立和推行的核心。最高层领导应为 HSE 管理提供强有力的、一系列的支持行动和明确的承诺，保证将领导和承诺转化为必要的资源

配置，以建立、运行和保持 HSE 管理体系，实现既定的方针和战略目标。为了使承诺成为企业全体员工为之努力的目标、行为的准则，企业必须创建一种使承诺常驻员工心中的企业文化。领导和承诺既是 HSE 管理体系的核心，又是体系运转的动力，HSE 管理体系的建立和实施都应围绕这个核心。只有做到领导重视，全员行动，将 HSE 管理作为企业管理的重要组成部分，才能建立起一个高效运转的 HSE 管理体系。

② 方针和战略目标。方针和战略目标是企业对其在 HSE 管理方面的意向和原则的声明，实施 HSE 管理体系的全过程是在方针和战略目标的指导下进行的。方针和战略目标通常是由企业的最高管理者制定的，是指导思想和行为准则，全体员工与 HSE 管理有关的全部活动，无一不是在这一大前提下进行的。所有的计划、措施、行动都应符合方针和战略目标，并为其服务。方针和战略目标指明了企业在 HSE 管理方面的努力方向，提供了规范企业行为和制定具体目标的框架。良好的方针和战略目标，能指导企业有效地实施和改进其管理体系；同时，方针和战略目标也应在实施的过程中得到必要的修正。

③ 企业机构、资源和文件。企业机构、资源和文件是保证 HSE 管理体系表现良好的必要条件，是体系运行的基础要素。其具体包括企业机构和职责、资源、管理者代表、能力与培训、承包方、信息交流、文件及其控制等七个要素。

④ 评价与风险管理。HSE 管理体系运行最直接的目的是能够预见和防止事故的发生，进而将危害及其影响降低到可以接受的程度。而对风险进行正确、科学的评价和有效的管理正是达到这一目的的关键。

⑤ 规划（策划）指南。HSE 管理体系的规划是指通过设施的完善，责任的明确，工作程序、应急反应计划的制定、评价及不断完善，以达到预期的方针目标，实现承诺。

⑥ 实施与监测。企业在运行过程中要进行严格的 HSE 管理才能将 HSE 管理体系的运行落到实处。企业在 HSE 管理体系的运行过程中，应通过科学仪器等对其活动的各种特性进行常规或非常规监测，以获取有关数据。这一过程所提供的数据，对评价体系运作的正确程度具有重大影响。这样才能发现不符合之处并加以纠正，有效地发现隐患并及时处理。

⑦ 审核与评审。审核与评审是 HSE 管理体系的最后一个环节，也是最重要的关键环节，是定期对 HSE 管理体系表现的有效性所进行的评估，是整个管理体系持续改进的必要保证。

(2) HSE 管理体系各要素的关系

HSE 管理体系包含着实现不同管理功能的要素。各要素之间相互关联、相互作用，如图 6-3 所示。这些要素之间不是孤立的，其中领导和承诺是核心；方针和战略目标是方向；企业机构、资源和文件是体系运行必不可少的支持性条件；评价与风险管理、规划（策划）指南、实施与监测、审核与评审是体系运行的循环链。

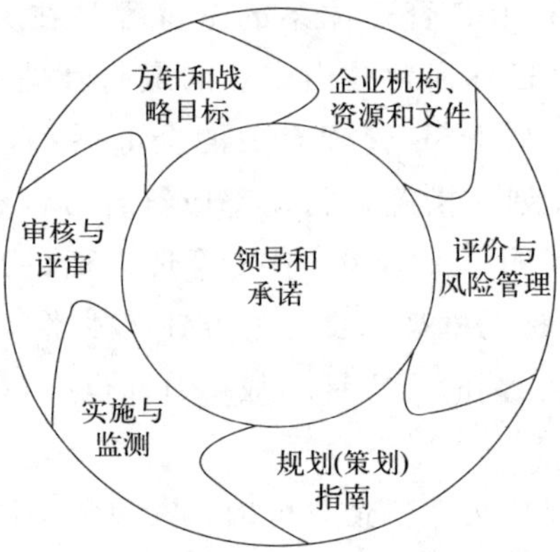

图 6-3　HSE 管理体系各要素的关系

从结构上来看，HSE 管理体系是按戴明模式建立的，是一个持续循环和不断改进的结构，即“计划—实施—检查—改进”的结构。从内容上来看，各要素之间又有以下特征：

① 各要素有一定的相对独立性，分别构成了核心、方向、支持性条件和循环链的各个环节。

② 各要素是密切相关的，任何一个要素的改变必须考虑到对其他要素的影响，以保证体系的一致性。

参考文献

[1] 田水承，景国勋．安全管理学［M］．北京：机械工业出版社，2016：11-30.

[2] 陈金刚．安全管理学［M］．北京：机械工业出版社，2023：151-170.

[3] 段瑜，张开智．安全工程导论［M］．北京：冶金工业出版社，2018：22-25.

[4]　覃娟．危险化学品重大危险源辨识探讨［J］．化工管理，2021（10）：105-106.
[5]　姜伟，佟瑞鹏，傅贵．安全科学与工程导论［M］．北京：中国劳动社会保障出版社，2016.
[6]　高武，樊运晓，张梦璇．企业安全文化建设方法与实例［M］．北京：气象出版社，2011.
[7]　徐德蜀．安全科学与工程导论［M］．北京：化学工业出版社，2004.
[8]　应急管理部．应急管理部关于印发《“十四五”应急管理标准化发展计划》的通知［EB/OL］. https：//www. mem. gov. cn/gk/zfxxgkpt/fdzdgknr/202205/t20220506 _ 413015. shtml.

第7章

行业安全技术

在当今快速发展的工业化社会中，安全技术的应用已成为保障各类行业稳定运行和社会可持续发展的重要基础。随着技术进步和生产规模的扩大，各行业面临着越来越复杂的安全挑战。从化工生产到道路运输，从建筑施工到矿山开采，每一个领域都涉及不同类型的风险和安全隐患，这些风险不仅影响生产过程的顺利进行，还涉及人们的生命财产安全和环境保护。

化工行业的安全技术着重于化学品的储运、化工过程控制与检测以及事故应急处理，旨在防范事故的发生并减少其对环境和人员的影响。道路运输领域的安全技术关注交通事故的发生原因和规律，以提升交通系统的安全性和效率。建筑施工的安全技术涉及施工过程中的各种风险管理，确保施工安全和建筑物的长期使用安全。在金属冶炼和矿山开采行业，安全技术重点在于处理高风险生产过程中的安全问题，包括气体泄漏、矿井灾害等。煤矿安全技术则特别关注煤矿开采过程中的常见风险和应急救援措施。此外，新能源、石油、天然气、燃气、电力等其他领域的安全技术也有其特定的应用和要求，确保这些领域的安全运行对于整个社会的稳定性至关重要。

本章旨在系统地介绍这些行业的安全技术，以帮助读者全面了解各类安全技术的应用与管理，提高安全意识和技术水平，推动安全管理的优化和创新。通过对各行业安全技术的深入探讨，期望为相关从业人员提供实用的指导，促进各行业的安全和可持续发展。

7.1 化工安全技术

化学工业是国民经济的重要产业，化工产品广泛用于工业、农业、人民生活等各个领域。它为农业生产提供化肥、农药和塑料薄膜等农用化学品；为能源工业（电力、交通、冶金和居民生活）提供天然气、液化气等原燃料；为机械工业（航天、汽车、船舶、机械等）提供合成材料、涂料和胶黏剂等配套产品；为建筑业提供保温材料、建筑涂料、防火材料等建筑原材料；为军事工业提供军用化工产品；为人民生活提供各种相关的日用化学品。国民经济的方方面面都离不开化工产品，化工产品在国民经济产业链中占有举足轻重的地位。

《危险化学品安全管理条例》明确了危险化学品的定义，是指具有毒害、腐蚀、爆炸、燃烧、助燃等性质，对人体、设施、环境具有危害的剧毒化学品和其他化学品。规定危险化学品安全管理应坚持安全第一、预防为主、综合治理的方针，强化和落实企业主体责任。详细划分了安全生产监督管理部门、公安机关、质量监督检验检疫部门等负有危险化学品安全监督管理职责部门的具体职责。同时，对危险化学品的生产、储存、使用、经营、运输等环节的安全管理做出了具体规定，包括生产储存的规划布局、建设项目安全条件审查、管道管理等内容，还明确了相关法律责任。为了加强危险化学品的管理，2024 年 12 月公布了《中华人民共和国危险化学品安全法（草案）》，并向社会公众征求意见。

随着其他领域高新技术的不断发展，化学工业正经历着一场深刻的变革，其重要特征就是精细化工和化工新材料在发达国家中的比重逐渐提高。化学工业的发达程度已经成为衡量国家工业化和现代化水平的一个重要标志。但是，化学工业的安全生产事故频发，暴露的安全风险隐患突出，安全生产形势十分严峻。

7.1.1　化工生产的危险因素

美国保险协会对化学工业发生的数百起事故进行调查之后，将化学工业危险因素归纳为以下几个类型。

（1）工厂选址风险

工厂的选址对安全至关重要。主要考虑的因素包括：①容易受到自然灾害的威胁，如地震、洪水和暴风雨等；②水资源供应不足，无法满足消防或生产需求；③缺乏足够的公共消防设施支援，无法在紧急情况下快速响应；④气候条件不理想，高湿度、温度剧烈变化等可能导致设备腐蚀或影响生产安全；⑤周围存在高风险的工业设施，增加事故的连锁反应可能性；⑥邻近公路、铁路或机场等交通设施，这些设施一旦发生事故，可能波及工厂；⑦紧急情况下，难以快速疏散工厂内的人员和车辆至安全区域。

（2）工厂布局风险

工厂内部的设备布局也影响安全。常见的风险因素包括：①工艺设备和存储设备布局过于密集，增加火灾和爆炸蔓延的可能性；②危险性较高的工艺装置与安全性较高的装置之间的防护距离不足，容易导致事故蔓延；③昂贵的设备集中在一起，一旦发生事故，损失严重；④无法替换的重要设备缺乏足够的防护措施；⑤锅炉、加热器等火源与可燃物装置之间的距离过近，增加火灾风险；⑥地形障碍限制了设备之间的安全间隔或疏散路径。

（3）结构安全风险

化工厂的建筑结构对于防火防爆能力的影响显著。主要问题包括：①支撑结构、门、墙等部件未使用防火材料，无法有效阻止火灾蔓延；②电气设备缺乏必要的防护措施，可能引发电气火灾；③通风和换气能力不足，无法及时排出爆炸性气体；④控制和管理设备的指示装置缺少防护，容易在事故中失效；⑤设备基础薄弱，可能导致事故中设备倒塌或移位。

（4）对加工物质危险性的认识不足

许多事故是由于对处理的化学物质的危险性认识不足导致的。主要问题包括：①工艺装置中的原料在特定条件下可能混合并在催化剂作用下发生自然分解；②对于气体和粉尘在特定工艺条件下的爆炸范围缺乏充分了解；③在操作不当或工艺控制不良时，未能充分了解物料和产品在异常状态下的变化情况，未采取相应的防范措施。

（5）化工工艺风险

工艺设计上的不足也是火灾和爆炸的潜在因素。主要问题包括：①没有足够的关于化学反应动力学的数据，无法准确预测化学反应的潜在风险；②对有害副反应的认识不足，可能忽略潜在的危害；③未基于热力学研究确定反应爆炸的能量，增加了工艺设计中的不确定性；④对于工艺异常情况的检测手段不足，难以在工艺失控时及时采取措施。

（6）物料输送风险

在物料输送过程中可能出现的风险包括：①无法在单元操作中对物料

流动进行良好控制，可能导致物料泄漏或超量供应；②产品标识不清，容易导致误操作或处理不当；③气动输送装置中的粉尘爆炸，特别是在处理干粉类物料时；④废气、废水和固体废弃物的处理不当，可能造成环境污染和安全隐患；⑤物料装卸设施设计不当，导致装卸过程中发生事故的风险增加。

（7）误操作风险

人为错误是事故发生的一个主要因素，常见的问题包括：①忽略了对操作和维修人员的充分培训，导致人员未能正确操作设备；②管理人员未能充分发挥监督作用，放任不规范操作；③开车、停车计划不周全，未能根据工艺和设备的需求制定合理的操作计划；④紧急停车操作训练不足，导致紧急情况下无法快速有效地停机；⑤未建立操作人员与安全人员的协作机制，导致事故发生时反应不协调。

（8）设备缺陷

设备的设计和维护存在的问题也是事故发生的重要原因，主要问题包括：①选材不当导致设备腐蚀或损坏，增加了设备失效的可能性；②设备设计不完善，缺乏可靠的控制仪表等关键设施；③材料疲劳导致设备在长期运行中逐渐失效；④对金属材料的无损检测不充分，或未经过专家审核，存在隐患；⑤设备结构存在缺陷，无法定期检查或进行预防性维护；⑥设备在超出设计极限的工艺条件下运行，增加了事故发生的概率；⑦运转中发现的问题或不完善的防灾措施未能及时改进；⑧设备的温度、压力、运行状态等关键参数缺乏连续记录，无法进行实时监控和管理。

（9）防灾计划不足

防灾计划的不充分，主要表现为：①管理层未能给予足够的支持，导致防灾措施无法有效落实；②职责分工不明确，导致在紧急情况下难以快速反应；③装置运行异常或故障时，责任仅由安全部门承担，其他部门缺乏参与；④缺乏预防事故的计划，或已有的计划质量较差，无法有效执行；⑤遇到紧急情况时未能采取有效措施进行应急处理；⑥未实行由管理部门和生产部门共同进行的定期安全检查；⑦未对生产负责人和技术人员进行持续的安全教育和必要的防灾培训，导致人员对安全风险缺乏足够的警觉和应对能力。

7.1.2 危险化学品安全基础

（1）危险化学品的安全储存

储存是危险化学品流通过程中的关键环节，处理不当可能引发重大事故。例如，2015年8月12日，天津市滨海新区瑞海公司危险品仓库由于硝化棉储存不当，发生特别重大火灾爆炸事故，造成165人死亡、8人失踪、798人受伤，直接经济损失68.66亿元。因此，了解危险化学品储存的安全基础知识至关重要。

① 储存分类。根据储存形式，危险化学品的储存分为整装储存和散装储存两类。整装储存指将物品放入小型容器或包装中，如袋装、桶装、箱装、钢瓶装等；散装储存则是无外包装的净货储存，如油品储于油罐中、液化气储于球罐中。按储存方式，分为隔离储存、隔开储存和分离储存三种。隔离储存指在同一房间或区域内保持一定距离；隔开储存是指用隔板或墙将物料分开；分离储存则是指在不同建筑物或远离其他区域储存。

② 储存危险化学品分类及其火灾危险性。根据危险化学品的性质，储存物品可分为易燃易爆品、毒害品和腐蚀品。易燃易爆品包括爆炸品、压缩气体、液化气体、易燃液体、易燃固体、自燃物、遇湿易燃物、氧化剂和有机过氧化物。毒害品按毒性分为一级和二级无机、有机毒害品。腐蚀品则分为一级、二级的无机、有机酸性、碱性腐蚀品及其他腐蚀品。

③ 危险化学品安全储存基本要求。化学品的储存涉及许多方面的问题，不同的类别、火灾危险性、毒性、外界条件的影响等都会对储存条件提出不同的要求，以下仅为基本要求：

a. 符合国家标准的储存方式和设施。储存设施和方式应符合国家标准，包括建筑设计、电气设施、通风系统、防静电措施等。危险化学品应根据性能分区储存，不同化学性质或灭火方法的禁忌物料不得混合储存。通风系统应安装防静电接地装置，采用非燃材料。储存场所还需具备相应的监测、防火、防爆、泄压、防雷等安全设施，并设有显著标志。

b. 符合防护距离要求。大中型危险化学品仓库应远离市区和居民区，选址在当地主导风向的下风方向，距离公共建筑、交通干线和工矿企业至少1000m。仓库内需设置库区与生活区，间隔实体围墙，且建筑间应符合防火距离。

c. 具备合格的管理和技术人员。储存危险化学品的单位需确保管理人员接受相关培训，持证上岗，并对安全负责。仓库应有专职或兼职的养护员，负责技术管理与监测工作。

d. 健全的安全管理制度。储存单位应根据具体情况制定出入库管理、安全防火责任、设备检查、事故处理等制度，确保仓库安全运营。

e. 制定应急救援预案。储存单位应制定事故应急救援预案，配备必要的设备和人员，并定期演练。预案需向相关部门备案。

f. 符合法律法规及国家标准的其他要求。剧毒化学品及重大危险源应单独存放，实行双人管理，并向公安和安全监督部门备案。危险化学品出入库前应进行检查验收，确保符合包装和标志要求，压缩气体、液化气体需与其他危险物质隔离储存。

（2）危险化学品的安全运输

随着我国经济发展，危险化学品的运输需求不断增加。然而，运输过程中的设备缺陷、撞击、挤压及操作失误可能导致易燃、易爆、有毒化学品泄漏，进而引发火灾、爆炸、中毒等事故。危险化学品运输车辆经过人口密集区时，若发生事故，将导致严重人员伤亡和财产损失。

① 一般危险化学品运输的基本要求。

a. 托运危险物品需提供相关证明，按规定办理运输手续；

b. 装卸人员应佩戴防护用品，轻拿轻放，确保包装完好，注意安全标志；

c. 运输前应清理搬运工具，剧毒品运输后须洗十净；

d. 运输爆炸品、剧毒品、放射性物品等须符合安全要求；

e. 爆炸品、剧毒品、放射性物品运输时，须派 2 人以上押送；

f. 运输车辆须保持安全车速、车距，严禁超车，行驶路线须经公安部门批准，不得在繁华区域停留；

g. 运输易燃易爆品的车辆须安装阻火器，并悬挂“危险品”标志；

h. 蒸汽机车调运易燃、易爆品时，需挂至少 2 节隔离车，禁止溜放；

i. 运输过程中需配备应急处理设备和防护用品；

j. 危险化学品运输单位和车辆须具备有效资质。

② 剧毒化学品运输的基本要求。

a. 必须持有公安部门核发的通行证；

b. 若运输途中发生泄漏、丢失等情况，须立即报警并采取警示措施；

c. 铁路运输需符合《铁路剧毒品运输跟踪管理暂行规定》；

d. 禁止通过内河及封闭水域运输剧毒化学品和其他禁运危险化学品。

(3) 危险化学品的安全包装

① 包装的作用。

a. 防止危险品因接触雨雪、阳光、潮湿空气等发生变质或剧烈反应，避免事故；

b. 减少运输过程中碰撞、震动等对货物的影响，保证运输安全；

c. 防止货物泄漏、挥发或与其他物品接触而引发事故或污染设备；

d. 便于储运、堆垛、搬运和保管，提高效率。

② 危险品包装分类。包装分为三类：高度危险物品要求高强度包装，中等危险物品要求较高强度包装，低危险物品要求一般强度包装。

③ 安全包装基本要求。

a. 包装和容器必须由专业企业生产，经过检测合格，重复使用的包装应检查并保存记录至少 2 年；

b. 包装材料应与危险品性质匹配，考虑腐蚀性、撞击敏感性等特性，如氢氟酸不能用玻璃容器、铝可用于硝酸和醋酸容器；

c. 包装需具备足够强度，能承受运输中的冲撞、震动和挤压；

d. 封口方式应适应货物特性，如部分货物需通气、碳化钙铁桶需密封并充氮；

e. 内外包装之间应有缓冲衬垫，以保护货物；

f. 包装应能适应温湿度变化，空运包装需适应高度变化；

g. 包装重量、规格应符合运输要求；

h. 包装表面应有清晰的危险品标志，标明货物的危险特性，确保运输、装卸和储存安全。

7.1.3 典型工艺过程安全技术

(1) 电解过程安全技术

电解是指电流通过电解质溶液或熔融电解质时在电极上引发的化学变化，其能量特征是电能转化为化学能。电解广泛用于工业中，如冶炼有色金属（钠、镁等）、精炼金属铜锌、制备氢氧等化工产品，以及电镀、抛光等。食盐电解是典型的例子，主要生成氢氧化钠、氯气和氢气，常用方法为隔膜法和水银法。

电解过程中主要安全隐患包括氯气中毒与腐蚀、碱烧伤、氢气爆炸、高温潮湿及触电等。

(2) 催化过程安全技术

催化反应是在催化剂的作用下进行的化学反应，如氮与氢合成氨、二氧化硫与氧合成三氧化硫等。催化剂是一种能改变反应速度但在反应前后自身组成和质量不变的物质。加快反应的称为正催化剂，减慢的称为负催化剂或缓化剂，通常“催化剂”指正催化剂。常见的催化剂包括金属、金属氧化物和无机酸等，具有选择性，可加速特定反应。

催化反应分为单相反应和多相反应。单相反应在气态或液态下进行，较为安全，因为温度和压力易控制；多相反应则在相界面上进行，条件较难控制。

安全要求包括正确选择催化剂、良好散热、控制温度、催化剂用量适当，避免局部反应过于剧烈。连续反应和自动温控系统可降低危险性。

(3) 硝化过程安全技术

硝化是将硝基（—NO_2）引入有机分子中代替氢原子的反应，常用硝化剂为浓硝酸或混酸。为确保硝化反应安全，需严格控制温度和加料速度，采用双重阀门加料，配备冷却水源备用系统，并保持连续搅拌。备用电源防止搅拌机停电失效。搅拌轴和温度套管应使用硫酸作为润滑和导热剂，避免使用机油或甘油，防止形成爆炸性物质。硝化器应配备紧急放料槽、自动控制阀门，并使用防爆通风机通风。自动温控装置能有效防止超温引发爆炸。取样操作应机械化，以避免烧伤，并安装自动酸度记录器，防止未完全硝化的产物着火。物料加料应机械化，特别危险的硝化产物需放入装有大量水的事故槽中。防止杂质进入硝化器，避免油等物质引发爆炸。最危险的情况是有机物氧化，产生大量氧化氮气体，升温引发爆炸，因此需严格控制混合物的配比和温度。

硝化过程中不需压力，但卸料时需加压，宜采用真空卸料，避免有害蒸气泄漏。设备需定期维护，防止腐蚀引发事故。处理硝基化合物时应特别谨慎，尤其是易爆的硝基苯酚盐类。蒸馏硝基化合物时，因真空蒸馏残渣可能与空气反应爆炸，需特别小心。硝化设备应密闭，防止硝化物料接触高温表面。堵塞时可用蒸汽疏通，禁止敲打或明火加热。车间禁止明火，电气设备应防爆。设备维修时需拆卸、清洗残留物后再焊接，报废管道需安全处理。

7.1.4 化工事故应急救援技术

化工事故应急救援技术是化工安全管理中的重要组成部分，旨在减少事故发生的概率并降低其影响。事故预防是第一道防线，通过风险评估、隐患排查和安全培训等措施来降低事故发生的可能性。早期检测与预警系统的建立则是为了在事故征兆出现时迅速做出反应，通过监测设备和智能预警系统及时发现并报告潜在危险。一旦事故发生，应急响应的速度和有效性决定了救援的成败，包括紧急处置和人员疏散等。紧急处理阶段，针对不同的事故类型采取特定的应急措施，如火灾扑灭、化学品泄漏控制等，以减少事故对人员和环境的危害。在事故得到控制后，后期恢复工作包括现场清理、环境修复以及心理辅导等，确保生产恢复和社会稳定。最后，事故总结与改进通过对整个应急救援过程的分析，总结经验教训，并优化应急预案和救援技术，为未来的事故预防和应急救援提供更为可靠的保障。

（1）化工事故预防

① 风险评估。

a. 危险源辨识。识别工厂内可能存在的危险源是化工事故预防的第一步。危险源包括化学品储存设施、生产设备、管道系统等。对每个危险源进行详细的辨识，记录其潜在的危害及可能发生的事故类型。

b. 风险分析。在辨识危险源后，需要对其进行风险分析。通过评估危险源的危险程度、事故发生的概率、可能造成的后果，确定其风险等级。常用的风险分析方法包括定性风险分析和定量风险分析。

c. 风险控制。根据风险分析结果，采取相应的风险控制措施。控制措施可以是技术性的，如设备升级、工艺改进；也可以是管理性的，如制定安全操作规程、加强员工培训。风险控制的目标是将风险降到最低，确保生产安全。

② 安全管理。

a. 安全文化。建设良好的安全文化是化工事故预防的重要环节。通过安全教育和培训，提高员工的安全意识和技能，使安全生产理念深入人心，形成人人讲安全、事事讲安全的氛围。

b. 培训与演练。定期对员工进行应急培训，使其熟练掌握应急预案的内容和操作流程。同时，定期组织应急演练，通过模拟事故场景，检验应急预案的可行性和有效性，提高员工的应急响应能力。

c. 设备维护。对生产设备进行定期检查和维护，及时发现和消除隐患，确保设备始终处于良好状态。设备维护包括日常维护、定期保养和故障维修。日常维护是由操作人员在日常操作中进行的简单检查和保养；定期保养是由专业技术人员按照设备说明书的要求定期进行的全面检查和维护；故障维修是设备发生故障后及时进行的修理和恢复。

③ 应急预案。

a. 应急预案编制。编制详细的应急预案，明确事故发生时的应急响应流程和各级人员的职责。应急预案应包括事故类型、应急组织结构、应急响应程序、应急资源准备、应急处置措施等内容。

b. 应急预案审核。定期对应急预案进行审核和更新，确保其与实际情况相符。审核应急预案时，要考虑工艺变化、设备更新、新的风险源等因素，及时调整预案内容，提高预案的适用性和有效性。

（2）早期检测与预警

① 监测系统。

a. 气体检测。安装气体检测仪，实时监测生产区域内有害气体的浓度。一旦检测到气体浓度超过设定的安全阈值，检测仪会发出警报，提醒工作人员采取措施。常用的气体检测仪有可燃气体检测仪、有毒气体检测仪等。

b. 火灾报警。安装火灾报警系统，及时发现火灾隐患。火灾报警系统包括烟雾探测器、温度探测器等，一旦探测到烟雾或温度异常，系统会自动发出警报，并启动灭火系统。

c. 泄漏检测。使用泄漏检测设备，及时发现设备和管道的泄漏。泄漏检测设备可以检测液体和气体的泄漏，通过声波、红外、激光等技术手段实现对泄漏点的精准定位。

② 预警系统。

a. 自动报警。在检测到异常情况时，自动发出警报，提醒工作人员采取措施。自动报警系统可以与监测系统联动，实现对异常情况的实时监控和及时报警。

b. 信息发布。通过广播、短信、警报器等方式，及时向员工和周边居民发布预警信息。信息发布系统应具备快速传递信息的能力，确保预警信息能够及时传达到所有相关人员。

（3）应急响应

① 组织指挥。

a. 应急指挥中心。设立应急指挥中心，负责事故的统一指挥和协调。应急指挥中心应配备通信设备、监控设备、应急物资等，确保指挥决策的迅速和准确。

b. 应急组织结构。明确应急组织结构和职责，确保指挥体系的高效运作。应急组织结构一般包括应急指挥部、应急救援队、医疗救护队、后勤保障队等，各级人员职责分工明确，相互协作。

② 应急救援队伍。

a. 专业救援队伍。组建专业的应急救援队伍，包括消防队、医疗队、技术救援队等。应定期进行培训和演练，掌握各种应急救援技能，提高应急处置能力。

b. 应急物资和装备。准备充足的应急物资和装备，如防护服、呼吸器、灭火器、堵漏设备、急救箱等。应急物资和装备应定期检查和维护，确保其完好可用。

③ 应急处置措施。

a. 人员疏散。及时疏散事故现场及其周边的人员，确保人员安全。疏散时，应按照预定的疏散路线和指引，迅速、有序地撤离危险区域。

b. 事故隔离。对事故区域进行隔离，防止事故蔓延。隔离措施包括设置隔离带、封锁道路、关闭通道等，防止无关人员进入危险区域。

c. 控制源头。采取措施控制事故源头，如关闭阀门、切断电源、停止加料等，防止事故进一步恶化。

(4) 紧急处理

① 灭火与防爆。

a. 灭火措施。根据火灾类型选择合适的灭火方法，如水、泡沫、干粉、二氧化碳等。灭火时，应注意个人防护，避免受到火焰、烟雾、有毒气体的伤害。

b. 防爆措施。采取防爆措施，防止二次爆炸的发生。防爆措施包括控制火源、降低温度、减少压力等，确保事故区域的安全。

② 泄漏控制。

a. 堵漏措施。使用堵漏设备或材料，封堵泄漏源头。常用的堵漏方法有封堵、包扎、注胶等，根据泄漏情况选择合适的堵漏方法。

b. 收集与处理。对泄漏物质进行收集和处理，防止环境污染。泄漏物质的处理方法包括吸附、中和、降解等，确保泄漏物质不对环境造成二次污染。

③ 人员救护。

a. 现场救护。对受伤人员进行现场急救，如止血、包扎、心肺复苏等。现场救护应按照急救规程进行，确保救护措施的正确和有效。

b. 医疗救治。将受伤人员迅速送往医院，进行进一步的医疗救治。应与医院联系，提前做好接收准备，确保伤员得到及时和专业的治疗。

（5）后期恢复

① 事故调查。

a. 事故调查组。成立事故调查组，调查事故原因。事故调查组应包括技术专家、安全管理人员、政府监管部门等，全面、客观地分析事故原因。

b. 事故报告。撰写事故报告，提出改进建议，防止类似事故再次发生。事故报告应包括事故原因分析、事故经过描述、应急救援情况、改进建议等内容。

② 环境恢复。

a. 污染治理。对事故造成的环境污染进行治理，如土壤修复、水体净化等。污染治理应按照环境保护法规进行，确保治理措施的有效和环保。

b. 生态恢复。采取措施恢复受损的生态系统，如植树造林、生态修复等，恢复生态平衡。

③ 设施修复。

a. 设备维修。对受损的设备进行维修或更换，恢复生产。设备维修应按照设备说明书的要求进行，确保设备的安全和可靠。

b. 安全评估。对修复后的设施进行安全评估，确保其符合安全生产要求。安全评估应包括设备运行状况、操作规程、应急预案等方面的内容。

④ 心理辅导与社会支持。

a. 心理辅导。对受事故影响的人员进行心理疏导，帮助他们恢复正常生活和工作状态。心理辅导应由专业心理医生进行，确保疏导措施的科学和有效。

b. 社会支持。提供必要的社会支持，如经济补偿、法律援助等，帮助受影响人员渡过难关，重建信心。

7.2 道路运输安全技术

中国的道路运输在近年来取得了显著发展，伴随着公路网络的不断扩展和升级，交通基础设施得到了大幅改善。然而，随着公路建设的快速推进、交通流量的持续增加，交通安全问题也日益凸显。当前，中国的道路交通面临着一系列严峻挑战，主要问题包括道路设计不合理、交通管理不完善、超载超速等违法行为频发以及驾驶员安全意识不足等。这些问题不仅影响交通效率，也对人们的生命财产安全构成了重大威胁。深入分析中国道路交通安全现状及其背后的原因，揭示出制度执行不力、道路基础设施不均衡发展、交通法规宣传教育不足等是导致交通事故频发的根本原因。要解决这些问题，需要从完善法律法规、提升交通管理水平、加强驾驶员培训和道路安全教育等方面入手，全面提高道路运输的安全性。

随着公路交通运输事业的快速发展，公路交通领域体系运行过程中也出现道路拥堵现象、路桥及其辅助设施早期损坏严重现象，车辆超限超载运输面广量大、不易控制，道路交通安全、设施使用安全形势不容乐观，运输效率与运输质量不尽人意等。从构建社会主义和谐社会及坚持科学发展观、可持续发展的高度上来认识，交通安全是第一位的，是公路运输工作的前提和基础，在此基础上要认真研究对策，保障交通运输的质量与效率至关重要。

7.2.1 交通事故及其分类

对交通事故进行分类，目的是分析、研究和预防、处理交通事故，同时，也便于统计和从各个角度寻找对策。分析的角度、方法不同，对交通事故的分类也不同。通常，交通事故分类方法主要有以下 6 种。

（1）按事故责任分类

根据交通事故主要责任方涉及的车种和人员，在统计工作中常将交通事故分为 4 类，包括机动车事故、非机动车事故、行人事故和其他事故。

（2）按事故后果分类

按《道路交通事故处理程序规定》第三条将道路交通事故分为财产损失事故、伤人事故和死亡事故。

- 财产损失事故是指造成财产损失，尚未造成人员伤亡的道路交通事故。
- 伤人事故是指造成人员受伤，尚未造成人员死亡的道路交通事故。
- 死亡事故是指造成人员死亡的道路交通事故。

（3）按事故原因分类

任何交通事故的发生都有其原因，因此，从原因上可以把交通事故分为主观原因造成的事故和客观原因造成的事故两类。

① 主观原因造成的事故。主观原因是指造成交通事故的当事人本身内在的因素，如主观过失或有意违法，主要表现为违反规定、疏忽大意和操作不当

等。违反规定是指当事人由于思想方面的原因，不按交通法规规定行驶或行走，致使正常的道路交通秩序混乱、发生交通事故，如酒后开车、非驾驶员开车、超速行驶等原因造成的交通事故。疏忽大意是指当事人由于心理或生理方面的原因，没有正确地观察和判断外界事务而造成的失误，如心理烦躁、身体疲劳都可能造成精力分散、反应迟钝；也有的当事人凭主观想象判断事物，或过高地估计自己的技术，过分自信，引起行为不当而造成了事故。操作不当是指驾驶车辆的人员技术生疏、经验不足，对车辆、道路情况不熟悉，遇有突发情况惊慌失措，引起操作错误，如有的驾驶员制动时误踩加速踏板、有的人骑自行车遇到紧急情况不知停车等而造成的交通事故。

② 客观原因造成的事故。客观原因是指车辆、环境、道路方面的不利因素。客观原因在某些情况下往往诱发交通事故，特别是道路、环境和气候方面的因素。对于道路和环境方面的因素目前还没有很好的调查和测试手段，所以，事故分析中往往会忽视这些因素，这一点需要引起人们的重视。任何一起交通事故都有其促成事故发生的主要情节和造成事故损害后果的主要原因。绝大多数交通事故是当事人的主观原因造成的，客观原因占的比率比较少。

(4) 按事故第一当事者或主要责任者的内在原因分类

一般分为 3 种，即由于交通事故第一当事者或主要责任者的观察错误、判断错误以及操作错误所引起的交通事故。

① 观察错误。观察错误是指由于当事人心理或生理方面的原因，对外界环境的客观情况没有正确地观察，或由于道路条件不好、交通标志不清以及由于交叉路口冲突区域人人等引起的观察错误。

② 判断错误。判断错误包括对对方车辆的行动、对道路的形状和线形、对对方车辆的速度以及自驾车辆与对方车辆的距离判断有误，或过分相信自己的技术以致对自驾车辆的性能和速度估计判断有误。交通事态判断过程常发生在极短的时间内（一般为 1～10s 级）。

③ 操作错误。操作错误主要是因为技术不熟练。特别是初学驾驶的人员，由于对车辆和道路都不熟悉，遇到紧急情况时就不能应对自如，容易出现慌乱，发生操作错误而引起交通事故。除此以外，由于车辆本身机械故障（如制动失灵），更易导致操作错误。

(5) 按事故的对象分类

按事故的对象可以将交通事故分为几类，分别是车辆间的交通事故、车辆与行人的交通事故、车辆自身事故以及车辆对固定物的事故。车辆间的交通事故通常发生在多车碰撞或追尾的情况下，是交通事故中最为常见的一种形式。车辆与行人的交通事故多发生在城市道路和居民区，因驾驶员未能及时避让行人或行人违规穿越马路而导致。车辆自身事故是指由于车辆机械故障或驾驶员操作不当，导致车辆失控或发生侧翻、撞击等情况。车辆对固定物的事故则指车辆撞击到道路旁的建筑物、护栏、树木等固定物体。

(6) 按事故发生地点分类

交通事故可以发生在高速公路、城市道路、乡村公路或特定场所如停车场等，每种地点的事故都有其特点和危险性。在我国，道路分为高速公路及一级公路、二级公路、三级公路、四级公路 5 个等级，也可分为公路与街道，前者是指郊区和乡村道路，后者是指城市道路。另外，还可按在道路交叉口和路段所发生的交通事故来分类。

其他分类方法还有：按伤亡人员职业类型分类，按肇事者所属行业分类，按发生事故时的气候分类，按发生事故的道路类型、路面类型、路面状况等分类，按肇事驾驶员所持驾驶证种类、驾龄分类。

7.2.2 常见道路交通安全设施

(1) 交通信号灯

交叉口是城市道路系统中交通最为密集的区域，也是交通冲突与事故的高发地点。信号灯通过分配通行权，减少冲突点，降低事故率。交通信号灯通常由红、黄、绿三种灯光组成：红灯表示禁止通行，黄灯表示警示，绿灯表示允许通行。这三色信号灯是全球通用标准，其中红色光波最长、穿透力最强，容易引发警觉感，被用于禁止信号；黄色光波次之，提示警告；绿色光波较长，易辨认且给人安全感，因此用于通行信号。

(2) 道路交通标志

道路交通标志是用图形符号、颜色和文字向交通参与者传递特定信息，用于管理交通的设施。道路交通标志设置在路侧或道路上，是交通法规具体化、形象化的表现形式。它能为道路使用者提供确切的交通信息，保证车辆安全、顺畅、有序地运行。

(3) 道路交通标线

道路交通标线是标画在路面上的线条、箭头、文字、突起路标等设施，用于管制和引导交通。标线可以配合标志使用，也可独立存在。它帮助驾驶人辨识道路走向，确保车辆安全行驶，规范驾驶行为，维持交通秩序。标线的合理设置可提高道路利用率，增加通行能力，减少事故发生。

（4）安全护栏

护栏是一种防止车辆驶出路外或进入对向车道的安全设施，广泛应用于高等级公路和城市道路。随着车速提升和交通事故增多，安全护栏的重要性逐渐被认识。护栏通过弹塑性变形、摩擦来吸收碰撞能量，保护车内人员的安全，因此属于“被动”交通安全设施。护栏还具有引导驾驶视线和限制行人横穿等功能[2]。

7.2.3 道路交通安全管理

道路交通安全管理主要涉及交通工程中的安全设计。道路设计或改造方案应以人为本，将安全作为首要考虑。加强道路安全设计应实现以下两大目标：

（1）扩大道路的“安全空间”

道路线形设计应确保驾驶人能够清晰判断路段特征及变化，避免视觉紊乱和错误判断。例如，道路线形应连贯、协调，避免突变，减少驾驶人不适和事故发生。如果道路条件不能提供足够的安全空间，则驾驶人在紧急情况下更容易发生事故。

（2）提高道路的“宽容度”

道路设计应具备较高的“宽容度”，即使驾驶人操作失误，仍能保证一定的安全条件，减少交通事故的发生或降低事故伤害。通过安全核查等措施可提高道路安全水平。安全核查是一种通过独立评估团队对道路设计或运营的安全性能进行测试，并发现安全隐患，从而修正或改进设计方案。

7.3 建筑施工安全技术

建筑业作为我国国民经济的支柱产业，为推动国民经济增长和社会全面发展发挥了重要作用。按照我国国民经济行业标准分类，建筑业属于第二产业，主要由房屋和土木工程建筑业、建筑安装业、建筑装饰业等三方面构成，又可以进一步细分，见表7-1。建筑产业中的建筑活动是由各个生产环节构成的，其各个环节可以分为勘察、规划、设计、施工、安装、装饰装修、改造维修等过程，每个环节工作的集合形成行业，因此，建筑产业内部可以细分为勘察行业、设计行业、施工行业、装饰装修行业、安装行业、修缮行业。

表7-1 建筑业的产业细分

门类与大类	中类与小类	说明
房屋和土木工程建筑业	房屋建筑业;矿山建筑业;铁路、公路、隧道、桥梁建筑业;堤坝、电站、码头建筑业;其他土木工程建筑业	包括矿山、铁路、公路、隧道、桥梁、堤坝、电站、码头、机场、运动场、房屋等的建筑活动,也包括专门从事土木建筑物修缮和爆破的活动
建筑安装业	线路、管道安装业;设备安装业	包括专门从事电力、通信线路、石油、燃气、给水、排水、供热等系统和各类机械设备、装置的安装活动
建筑装饰业	公共建筑装饰装修业;家庭装饰装修业	包括建筑物内外装修和装饰的施工和安装活动

7.3.1 建筑施工现场常见危险源

建筑施工现场的安全管理是确保工程顺利进行的关键环节。然而，施工现场常常充满了各种潜在的危险源，这些危险源如果不加以有效管理，将可能引发严重的安全事故。常见的危险源包括施工设备的故障、施工人员的不安全行为以及恶劣的环境条件等。设备故障可能由于设计缺陷、维护不足或操作不当而发生，从而直接威胁施工人员的安全；而不安全行为，如忽视安全规程或使用不合格的设备，也可能导致事故的发生。此外，环境因素如高温、噪声或化学品泄漏等，也会对施工现场的安全构成威胁。因此，深入识别和有效管理这些危险源是保障施工现场安全的基础工作。

(1) 按作用分类

① 第一类危险源。指施工现场中存在的能量或危险物质，它们的意外释放是伤亡事故的根本原因。例如，能源（如电力、压力）或有害物质（如化学品）可能意外释放而引发事故。防止这些危险源导致事故的措施包括限制能量或危险物质的释放。正常情况下，这些危险源被约束在安全范围内，但如果这些约束被破坏，事故就会发生。

② 第二类危险源。包括导致能量或危险物质释放的因素，如物的故障、

人的失误和环境影响。

a. 物的故障。起因物与致害物：起因物是导致事故发生的物体或物质；致害物是直接造成伤害或中毒的物体或物质。故障原因包括设计缺陷、制造问题、安装不当、维护不足等。常见故障有设备损坏、安全装置失效等。例如，质量不合格的安全带可能导致高处坠落事故，电线绝缘损坏可能导致触电事故。

b. 人的失误。不安全行为：操作错误、忽视安全规程、设备使用不当等。例如，在起重机下作业、不使用安全防护装置等。管理失误：对物的管理失误（如技术缺陷）、对人的管理失误（如培训不足）和管理工作失误（如不当的操作规程和安全措施）。

c. 环境影响。物理因素：噪声、振动、温度、湿度等。化学因素：爆炸性物质、腐蚀性物质、有毒气体等。生物因素：细菌、病毒、昆虫等。

(2) 按引发事故的起因物类型分类

根据《企业职工伤亡事故分类》(GB 6441—1986)，综合考虑事故的起因物、致害物、伤害方式等特点，将危险源及危险源造成的事故分为 20 类。

此种分类方法所列的危险源与企业职工伤亡事故处理调查、分析、统计、职业病处理及职工安全教育的口径基本一致，也易于接受和理解，便于实际应用。因此，施工现场危险源辨识时对危险源或具造成的伤害的分类多采用这种分类方法。其中，高处坠落、物体打击、触电、机械伤害、坍塌、火灾和爆炸是建筑施工中最主要的事故类型。

(3) 按职业病分类

建筑施工现场常见的职业病源于接触有毒有害物质或不良工作环境。根据 2025 年调整的《职业病分类和目录》，职业病分为 12 大类，共 135 种，包括尘肺病、职业性皮肤病、职业性眼病等。建筑施工现场主要的职业病危害因素有：

① 粉尘。包括二氧化硅粉尘、水泥尘、石棉尘等。这些粉尘可引起尘肺病、肺部疾病等，有的粉尘具有致癌作用。

② 生产性毒物。如苯、锰、一氧化碳等，这些毒物在施工过程中会导致急性或慢性中毒。例如，苯中毒会引起神经系统麻痹和再生障碍性贫血；锰中毒损害神经系统，导致神经衰弱症；一氧化碳中毒则可能导致意识丧失和呼吸麻痹。

③ 噪声。施工噪声来源于打桩机、搅拌机等，长期暴露在强烈噪声中可

导致慢性噪声性耳聋。

④ 振动。施工设备的振动可能引发振动病，表现为手指麻木、骨质改变和神经末梢感觉障碍。

7.3.2 建筑施工安全要求

(1) 土石方作业安全要求

建筑工程中的土石方工程量大，特别是在山区和深基础施工中，涉及复杂的地质条件、地下水、气候、挖掘深度等因素。土石方工程安全问题尤为突出，常见事故包括塌方、爆破伤害、机械和电气事故等。土石方作业施工前，需根据现场环境、地质和水文条件综合考虑土石方作业和基坑支护设计；合理确定土石压力参数，勘查范围应为开挖边界1倍以上；查明周边环境，包括地下管线、道路载重等，确保施工安全。

土石方挖掘作业相关操作规范：①挖掘方法应依据支护方案和排水要求进行，严禁先挖坡脚；②挖掘自上而下进行，每次开挖深度须严格遵守设计要求，坑边1m内不得堆料或停放机械；③基坑挖掘深度超过相邻建筑时，须采取支撑加固措施，并进行沉降观测；④施工中如发现异常物品，应立即报告并停止施工；⑤挖土机作业时应验算边坡稳定性，必要时采取加固措施；⑥挖土机作业半径内禁止人员工作，机械停稳后方可进入；⑦挖至坑底标高后应及时进行下道工序，减少暴露时间；⑧基坑施工深度超过2m时，应设置防护设施，保障人员安全；⑨爆破工程需由有资质单位进行，严格遵守相关规定。

基坑支护作业注意事项：①支护结构应根据基坑特点选择合理形式，必要时结合多种形式；②悬臂结构支护适用于不超过6m的基坑，超过6m时需采用多支点结构；③寒冷地区基坑设计需考虑冻胀力影响；④支撑安装应严格按照设计位置，支撑与土石方开挖配合进行；⑤支撑拆除前需进行换撑，防止边坡卸载过快；⑥钢筋混凝土支撑强度达设计要求后，方可开挖支撑面以下土石方；⑦锚杆的抗拔力需通过计算和现场试验确定。

桩基施工作业相关注意事项：①桩基施工应按施工方案进行，作业区须设明显标志；②预制桩施工时，严禁多项操作同时进行，桩机移动时须将桩锤降至最低；③沉管灌注桩施工时，应盖严预钻孔口。

(2) 脚手架作业安全要求

脚手架是建筑施工中必不可少的临时设施，常用于墙体砌筑、抹灰、装饰等，保证施工连续性，满足操作需求，确保人员安全，提高工作效率。通常，脚手架的施工荷载通过脚手板传递至横杆，再到立杆，最后由立杆传递到地基。脚手架种类多样，从材质上分为竹、木、金属钢管脚手架（扣件式、碗扣式、门式等）；从立杆排数上，分为单排架、双排架和满堂架；根据用途，脚手架可分为外脚手架、内脚手架和工具式脚手架。

脚手架作业一般要求满足相关要求：①木杆、竹竿、钢管均须符合相应材质要求，禁止使用有明显缺陷的材料。②镀锌钢丝、竹篾等绑扎材料须符合安全标准，不得重复使用或出现损伤。③木脚手板厚度不得小于 50mm，竹串片脚手板拼接紧密，金属脚手板须防滑。④单排钢管脚手架搭设高度不超 24m，双排钢管脚手架搭设高度不超 50m，单排木脚手架搭设高度不超 20m，双排木脚手架搭设高度不超 30m，双排竹脚手架搭设高度不超 35m；立杆、横杆的间距须符合规定，连墙件必须与建筑物连接，外侧设剪刀撑，脚手板铺满，作业层应有防护栏杆；荷载包括脚手架自重，施工荷载根据作业类型（结构作业或装修作业）选择，不得低于 $1kN/m^2$。

（3）模板作业安全要求

模板施工前应根据建筑结构特点和混凝土施工工艺进行模板设计，并编制安全技术措施。模板及支架须具备足够的强度、刚度和稳定性，能承受新浇混凝土自重、侧压力、施工荷载及风荷载。各类模板材料应符合相关技术标准。支架应选用钢管、门式架、型钢、木杆等，材质须符合技术标准。

模板拆除时，须工程技术负责人批准并提供混凝土强度报告；拆除顺序应按设计方案或“先支后拆，后支先拆”的原则，先拆非承重模板，再拆承重模板及支架；拆除大跨度梁下支柱应从跨中向两端拆除。拆除多层楼板支柱前须确认上部荷载不再传递；当有超过两道水平支撑时，应先拆两道以上的支撑，同时拆除最下面的大横杆和立杆；模板拆除应逐步进行，禁止大面积撬落，拆下的模板和支撑件应安全滑下或用绳索系下，禁止留下悬空模板。

（4）电焊作业安全要求

① 电焊机露天放置应有防雨设施。每台电焊机应有专用开关箱，使用断路器控制，一次侧应装设漏电保护器，二次侧应装设空载降压装置。电焊机外壳应与 PE 线相连接。

② 电焊机二次侧进行接地（接零）时，应将二次线圈与工件相接的一端接地（接零），不得将二次线圈与焊钳相接的一端接地（接零）。

③ 一次侧电源线长度不应超过 5m，且不应拖地，与电焊机接线柱连接牢

固，接线柱上部应有防护罩。

④ 焊接电缆应使用防水橡胶护套多股铜芯软电缆，中间不得有接头，电缆经过通道和易受损伤场所时必须采取保护措施，严禁使用脚手架、金属栏杆、钢筋等金属物搭接代替导线使用。

⑤ 焊钳必须采用合格产品，手柄有良好的绝缘和隔热性能，与电缆连接牢靠。严禁使用自制简易焊钳。

⑥ 焊工必须经培训合格持证操作，并按规定穿工作服、绝缘鞋，戴手套及面罩。

⑦ 焊接场所应通风良好，不得有易燃、易爆物，否则应予以清除或采取防护措施。

⑧ 焊修其他机电设备时必须首先切断该机电设备的电源，并暂时拆除该机电设备的 PE 线后，方可进行焊修。

⑨ 当改变焊机接头，更换焊件、改接二次回路，焊机转移作业地点，焊机检修，暂停工作或下班时，应当先切断电源。

(5) 气焊与气割作业安全要求

气焊与气割设备和器具由于比较简单、便于移动，在建筑施工中得到广泛应用。气焊与气割的设备有氧气瓶、乙炔发生器（或乙炔瓶），器具有焊炬、减压器、氧气表、回火防止器、氧气胶管、乙炔胶管等。

7.3.3 建筑施工安全管理体系

(1) 建筑施工相关法律法规

① 建设工程安全生产法律法规体系。建设工程安全生产法律法规体系是指国家为改善建设工程劳动条件，实现安全生产，保护劳动者在建筑施工生产过程中的安全和健康而制定的各种法律、法规、规章和规范性文件的总和，是必须执行的法律规范；具有强制性的建设工程安全技术标准（规范）是建设工程安全生产法律法规体系的组成部分。建设工程安全生产法律法规体系如图 7-1 所示。

建设工程安全生产法律法规体系建设工程法律是指全国人民代表大会及其常务委员会通过的规范建设工程活动的法律，以国家主席签署主席令的形式予以公布，如《中华人民共和国建筑法》《中华人民共和国安全生产法》《中华人民共和国劳动法》等。建设工程行政法规是由国务院根据宪法和法律制定的规

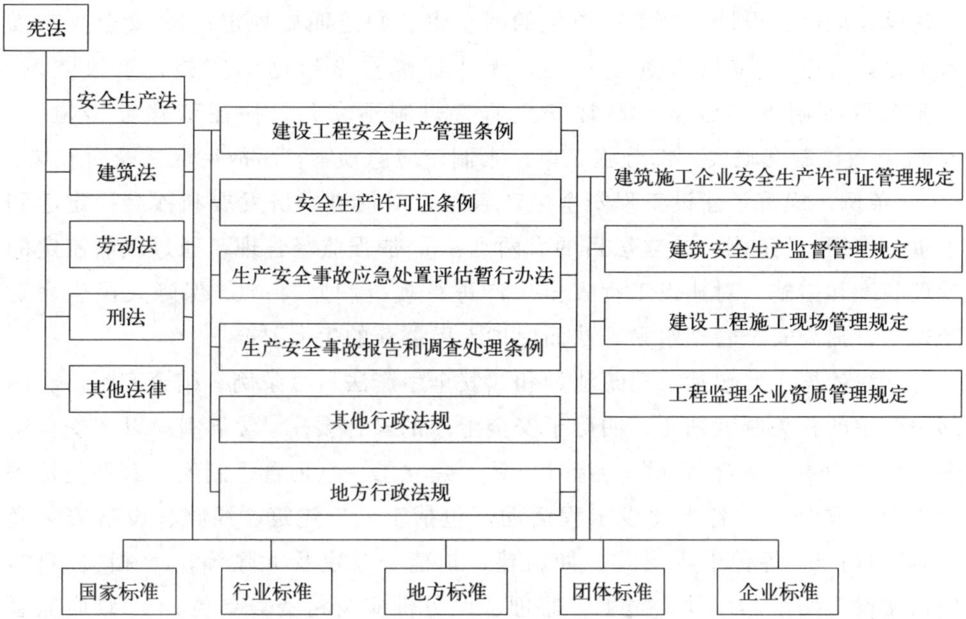

图 7-1　建设工程安全生产法律法规体系

范建设工程活动的各项法规，以国务院总理签署国务院令的形式予以公布，如《建设工程安全生产管理条例》《安全生产许可证条例》等。建设工程主管部门规章是指工程建设领域的国家行政主管部门按照国务院规定的职权范围，独立或与国务院其他相关部门联合，根据法律和国务院行政法规制定的规范建设工程活动的各项规章，以国家行政主管部门领导签署行政主管部门令的形式予以公布，如《建筑安全生产监督管理规定》《建设工程施工现场管理规定》《建筑施工企业安全生产许可证管理规定》《工程监理企业资质管理规定》等。

②《建设工程安全生产管理条例》。《建设工程安全生产管理条例》（简称《条例》）是根据《中华人民共和国建筑法》（简称《建筑法》）和《中华人民共和国安全生产法》（简称《安全生产法》）制定的国家法规，目的是加强建设工程安全生产监督管理，保障人民群众生命和财产安全。

《条例》是我国首部关于建设工程安全生产管理的行政法规，也是第一部全面规范该领域的专门法规。其实施对提升工程安全生产水平、促进经济发展、维护社会稳定具有重要意义。建筑业作为我国的支柱产业，虽然国家已出台多项法律法规和技术标准，但生产安全事故仍然是社会关注的热点问题。颁布《条例》前，建设工程安全管理存在以下主要问题：a. 安全责任不明确，对建设、勘察、设计、施工等单位的安全责任缺乏明确规定；b. 安全生产投入不足，一些单位投入资金不足，无法保障安全措施的实施，事故频发；c. 监督管理制度不健全，日常安全监管机制不完善，往往依赖突击检查；d. 应急救援制度缺失，部分施工单位未制定应急预案，事故后无法及时救援。

《条例》规范了建设工程安全生产管理，对促进经济发展和社会稳定起到了重要作用。《条例》的立法目的有两点：a. 加强监督管理，通过政府制定的管理制度和措施，对建设工程安全生产进行规范和监督；b. 保障人民生命财产安全，提高安全管理水平，从而保护人民群众的生命财产。

立法依据主要包括《建筑法》和《安全生产法》,《条例》结合实际，将两部法律中的相关制度细化，明确了安全生产的具体要求。《条例》以“安全第一、预防为主、综合治理”为指导方针，建立了一系列管理制度。其调整范围涵盖四个方面：a. 各类建设工程活动，包括土木、建筑、线路、设备安装及装修工程；b. 各种工程形式，如新建、扩建、改建及拆除等；c. 相关主体，包括建设、勘察、设计、施工、监理、设备供应及租赁等单位；d. 政府监管部门，负责监督各类建设工程活动。

(2) 建筑施工安全生产应急管理概述

我国建筑施工企业应对突发安全事故的能力相对薄弱，一旦发生事故，可能造成重大人员伤亡和财产损失。因此，提升企业的应急管理能力是保障其持续健康发展的重要举措。建筑施工企业需完善组织体系，建立有效的突发事件监控预警机制，制定应急预案，以便在事故发生时快速、高效地采取应对措施，协调各应急机构，控制事态发展，防止衍生事故，最大限度地减少人员伤亡和财产损失。建筑施工安全生产应急管理是安全生产管理的重要环节。

建筑施工安全生产应急管理具有四大特点：突发性、时效性、复杂性和长期性。

建筑施工安全生产应急管理基本原则：①以人为本，减少伤亡。应急管理的首要任务是保障人员生命安全，迅速采取合理可行的措施，避免次生灾害发生，最大限度减少人员伤亡。②预防为主，防控结合。应急管理遵循预防与应急结合的原则，常态与非常态相结合，制定综合预防措施，做好应对准备。③应急优先，尽快恢复。突发事故时，迅速组织资源，控制事态发展，尽快恢复常态，避免扩大损失。④属地为主，协同应对。地方政府在应急管理中承担主导作用，统一指挥协调，调动社会各方力量参与救援。⑤统一领导，分工协作。应急管理实行领导负责制，分级负责，避免因多级指挥导致指令混乱，确保资源合理使用。⑥依靠科技，加强管理。依靠先进的科技手段提升应急能力，充分利用专家资源和先进的管理模式，建立科学、数据化的应急管理体系，避免次生灾害。通过健全法律法规，规范应急管理工作。

7.4　金属冶炼安全技术

金属冶炼与压延产业是我国基础工业的重要支柱产业之一。近年来，随着我国经济的快速发展，对金属材料的需求不断增加，金属冶炼与压延产业迎来了快速发展期。目前，我国金属冶炼与压延产业已形成门类齐全、规模庞大的产业体系，主要有黑色冶金、有色冶金、钢铁压延、铝压延、铜压延等。这些产业涉及矿产资源开采、金属冶炼、金属加工等多个环节，为国民经济发展提供了重要的基础材料保障。

（1）金属冶炼分类

金属冶炼分为火法冶炼、湿法冶金和电化学沉积。火法冶炼又称为干式冶金，把矿石和必要的添加物一起在炉中加热至高温，熔化为液体，发生所需的化学反应，从而分离出粗金属，然后再将粗金属精炼。湿式冶金利用酸、碱、盐类的水溶液，以化学方法从矿石中提取所需金属组分，然后用水溶液电解等各种方法制取金属。湿法冶金主要应用在低品位、难熔化或微粉状的矿石，现在世界上有75%的锌和镉是采用焙烧 浸取 水溶液电解法制成的。其他难于分离的金属如镍-钴、锆-铪、钽-铌及稀土金属都采用湿法冶金的技术，如溶剂萃取或离子交换等方法进行分离，取得显著的效果。

（2）钢冶炼

炼钢主要是以高炉炼成的生铁和直接还原炼铁法炼成的海绵铁以及废钢为原料，用不同的方法炼成钢。主要的炼钢方法有转炉炼钢法、平炉炼钢法、电弧炉炼钢法。以上三种炼钢工艺可满足一般用户对钢质量的要求。为了得到更高质量、更多品种的高级钢，便出现了多种钢水炉外处理（又称炉外精炼）的方法，如吹氩处理、真空脱气、炉外脱硫等。对某些特殊用途，要求特高质量的钢，用炉外处理仍达不到要求，则要用特殊炼钢法炼制，如：电渣重熔，是把转炉、平炉、电弧炉等冶炼的钢铸造或锻压成电极，通过熔渣电阻热进行二次重熔的精炼工艺；真空冶金，即在低于 1atm（1atm＝101.325kPa）直至超高真空条件下进行的冶金过程，包括金属及合金的冶炼、提纯、精炼、成型和处理。

（3）铁冶炼

现代炼铁绝大部分采用高炉炼铁，个别采用直接还原炼铁法和电炉炼铁法。高炉炼铁是将铁矿石在高炉中还原，熔化炼成生铁，此法操作简便，能耗低，成本低廉，可大量生产。生铁除部分用于铸件外，大部分用作炼钢原料。由于适应高炉冶炼的优质焦炭煤日益短缺，相继出现了不用焦炭而用其他能源的非高炉炼铁法。直接还原炼铁法，是将矿石在固态下用气体或固体还原剂还原，在低于矿石熔化温度下炼成含有少量杂质元素的固体或半熔融状态的海绵铁、金属化球团或粒铁，作为炼钢原料（也可作高炉炼铁或铸造的原料）。电炉炼铁法，多采用无炉身的还原电炉，可用强度较差的焦炭（或煤、木炭）作还原剂。电炉炼铁的电加热代替部分焦炭，并可用低级焦炭，但耗电量大，只能在电力充足、费用低廉的地方使用。

7.4.1 常见工艺流程及其安全生产特点

金属冶炼的主要生产工艺流程涵盖了炼铁、炼钢、炼焦等多个系统，每个环节都具有其独特的工艺特点和安全要求。在炼铁工艺中，铁矿石通过高炉与焦炭和石灰石的混合反应生成铁水，这一过程中高温、高压、易燃易爆气体的产生使得炼铁工艺对防火防爆措施有着严格的要求。炼钢工艺则是在转炉或电弧炉中通过去除铁水中的杂质来生成钢材，工艺中涉及的高温熔融金属和氧气吹炼等操作对工人的安全防护、设备维护以及环境监控提出了极高的要求。而炼焦系统则是通过干馏煤炭生产焦炭，伴随产生大量的可燃气体和有毒物质，这要求在炼焦过程中必须采取严密的气体密封、泄漏检测与通风排气等措施。整体而言，金属冶炼工艺流程复杂，各环节的工艺安全特点决定了每个系统都需要针对性强、层次分明的安全管理与技术控制，确保在高风险环境下的生产安全。

（1）熔炼生产车间的危险、有害因素分析

① 铁水运输工序。铁水包耐火衬剥落、铁水包穿孔或铁水包颠覆可能导致铁水外泄，从而引发火灾、爆炸或灼烫等事故。铁水包在吊运过程中，龙门钩横梁、耳轴销和吊钩的损坏，行车钢丝绳断裂或违章作业，可能导致铁水包

歪斜或坠落，从而造成重大伤害事故。铁水熔炼对废钢有一定需求，废钢来源渠道较多，可能含有炮弹、炸药等爆炸物或者盛装易燃液体或气体的金属容器。在分选、切割或熔炼过程中，这些物品可能因碰撞、高温或火源引发爆炸。

② 熔炼工序。中频炉冷却水系统若未配置温度、进出水流量检测报警装置，或未设置防止冷却水进入炉内的安全设施，一旦冷却水中断，可能导致线圈、水套损坏，从而引发铁水遇水发生爆炸、火灾或灼烫事故。中频炉可能出现漏炉或穿炉事故，原因包括铁水冷却时间过长而结盖，再次受热膨胀导致炉衬产生裂纹，从而引发穿炉或喷炉事故。炉衬体积变大、炉龄增加或局部缺陷也可能导致漏炉、穿炉。铁水取样过程中的不慎接触铁水可能导致灼烫事故。加料小车专用通道边缺少人行安全通道或被占用、车辆运行时未发出声光警示信号、车辆停靠处无限位开关，可能导致车辆挤压作业人员。中频炉炉台四周若未设置或设置不符合安全要求的防护栏杆，作业人员可能因攀爬发生高处坠落事故。供电设施及其各部位的绝缘电阻不符合电气规程，或中频炉炉壳没有可靠接地，工频炉附近温度较高，电线、电气设施的绝缘易老化或破损，可能导致设备漏电。中频控制柜内电器元件裸露，导致触电风险。

(2) 造型生产车间的危险、有害因素分析

机械设备使用中可能发生机械伤害的原因包括设备制造质量不合格、控制系统失灵、电源开关布局不合理、设备安全防护装置缺乏或损坏、设备故障未及时排除等。此外，不按规定穿戴防护用品、擅自进入机械运行危险区域、检修和正常工作时机器突然启动等也可能引发机械伤害。

(3) 浇铸工序的危险、有害因素分析

铁水包、渣盆若未经烘烤或烘烤不干燥，或铁水包超装，可能导致铁水溢出，遇水或潮湿地面发生爆炸。铁水包在运输过程中，若龙门钩横梁、耳轴销和吊钩损坏，行车钢丝绳断裂，或违章作业导致铁水包歪斜或坠落，高温铁水遇到水或潮湿地面可能发生爆炸。铁水包在吊运过程中，若设备或装置出现故障或人为操作失误，可能导致人员灼烫事故。

(4) 管件加工车间的危险、有害因素分析

电气设备使用时间过长、绝缘老化或损坏，以及机械设备使用的润滑油、润滑脂等易燃物质泄漏并遇明火，都可能引发火灾。使用的机械设备如打磨机器人工作站、车床等，若设备安全防护装置缺乏或损坏、操作不规范或设备未

按规定维护，可能导致机械伤害。机械运转中工具、附件、零部件等物件失落、飞落、坠落，可能导致物体打击事故。登高作业时若未采取有效的防护措施，可能导致高处坠落事故。电气线路安装不当、保养不善，电气设备在潮湿环境中使用或未按规定接地，可能引发触电事故。机械设备如车床、锯床产生的噪声，长时间在噪声环境中作业可能导致听觉功能下降，产生职业危害。金属切削过程中产生的粉尘可能导致肺部纤维化等健康问题。

(5) 粉末喷涂工序的危险、有害因素分析

烘干炉使用的焦炉燃气若发生泄漏，或电气设备老化、短路等，均可能引发火灾。烘干炉初次点火未点燃燃气，或燃气设备停产后未处理气体，可能导致爆炸。粉末喷涂设备选用不当或损坏、通风不良、粉尘浓度高，也可能引发爆炸。电气设备绝缘不良，或电气设备在潮湿环境中使用，可能引发触电。喷涂作业中使用的涂料如环氧粉末涂料等，可能导致中毒和窒息。喷涂设备产生的噪声可能影响作业人员的听觉健康。环氧粉末喷涂过程中粉尘的积聚可能引发爆炸，需制定粉尘清扫制度以降低风险。

7.4.2 常用气体安全技术

在冶金企业的生产过程中，各类气体的安全管理至关重要，涉及多个技术领域以确保工作环境的安全性。气体泄漏检测与报警系统是基础的安全技术之一，通过实时监测气体浓度，及时发出警报以预防事故的发生。与此同时，通风与排气系统的有效设计与运行确保了有害气体和粉尘的排出，保持工作环境的空气质量。防爆设计则从源头控制爆炸风险，通过选用防爆设备和结构设计来避免气体混合物引发的爆炸。

对于气体管道和设备的维护，定期检查和保养可以发现潜在问题，防止气体泄漏。气体处理与安全操作规程则规定了气体的安全处理和操作流程，确保所有操作符合安全标准。气体储存与管理涉及对储存设施的科学管理，保证储存条件符合安全要求。应急响应与事故处理确保在发生事故时能够迅速采取行动，控制事态发展并减少损失。这些技术的综合应用是确保冶金企业气体使用安全的关键。

(1) 气体泄漏检测与报警系统

气体泄漏检测与报警系统是一种用于实时监测气体浓度的安全设备。系统通常包括传感器、报警装置和显示控制面板。传感器会不断监测气体的浓度，

一旦发现浓度超过设定的安全阈值，系统会触发报警装置（如声光报警器）以提示操作人员采取紧急措施。这种系统能够及时发现气体泄漏，防止由于气体浓度过高而引发的火灾、爆炸或中毒事故。

（2）通风与排气系统

通风与排气系统用于排除工作环境中的有害气体、粉尘和热量，确保空气质量符合安全标准。该系统通常包括风机、通风管道、排气口和排风装置等。合理的通风与排气系统设计可以有效降低气体浓度和温度，减少对操作人员的健康危害，并预防可能的爆炸和火灾风险。

（3）防爆设计

防爆设计是指通过选用具有防爆性能的设备和采取特定的结构设计来防止气体、蒸气或粉尘混合物在遇到点火源时发生爆炸。防爆设备包括防爆电气设备和防爆建筑结构。设计中考虑到气体的爆炸极限和点火源的位置，确保在意外情况下不会引发爆炸事故，从而提高系统的安全性。

（4）气体管道和设备的维护

气体管道和设备的维护包括定期检查、清理和修理气体输送系统。管道和设备的维护有助于发现和修复泄漏点、腐蚀和磨损等问题，确保气体输送过程的安全性。有效的维护可以防止由设备故障引发的气体泄漏或其他事故，保持系统的正常运行。

（5）气体处理与安全操作规程

气体处理与安全操作规程是对气体在使用过程中的处理、操作和处置的具体规定，包括气体的储存、搬运、使用和废弃等环节的操作标准。这些规程旨在确保操作人员的安全，避免气体泄漏、过量使用或错误处理，从而降低安全风险。

（6）气体储存与管理

气体储存与管理涉及对气体储存设施的设计、建设和管理，以确保储存过程中气体的安全性。储存设施必须符合相关标准，包括防泄漏设计、安全隔离、温度和压力控制等。科学管理包括定期检查储存容器、控制储存条件和制订储存计划，防止气体泄漏和事故发生。

（7）应急响应与事故处理

应急响应与事故处理包括对气体泄漏或其他事故的快速反应和处理措施。

应急响应计划应包括事故报警、人员撤离、应急措施和事故后果评估等步骤。事故处理包括迅速控制事故源、处理泄漏或爆炸现场、恢复生产和进行事故调查。有效的应急响应与事故处理能够迅速控制危机，减少损失和伤害。

7.4.3 其他金属冶炼安全技术

在金属冶炼领域，安全生产是保障企业正常运营、维护人员生命安全的重中之重。随着冶金工艺的不断发展和复杂化，安全技术的应用已不再局限于单一范畴，而是呈现出多维度、全方位的特点。除了前文详细阐述的常用气体安全技术外，还有一系列其他关键的安全技术在金属冶炼过程中发挥着不可或缺的作用。这些技术涵盖了焦化生产、防火防爆以及泄漏防治等多个重要方面，共同构建起冶金企业安全生产的坚实屏障。本部分将聚焦于这些其他金属冶炼安全技术，深入剖析其技术要点和应用场景，为冶金企业的安全管理提供更全面的参考。

① 焦化安全技术。焦化过程中的安全技术包括控制焦炉的温度和压力，确保焦化气体的安全处理和利用。必须定期检查和维护焦炉设备，防止炉体变形和裂纹的出现，确保焦化气体的回收系统正常运行，防止气体泄漏。

② 防火防爆。防火防爆技术包括采用防爆设计和防火材料、定期检查防爆设施和设备、设置合适的警报系统和灭火系统。在高风险区域设立防火墙、防爆门等设施，以减少火灾和爆炸的风险。

③ 泄漏防治技术。气体和液体泄漏的防治技术包括安装泄漏检测系统，及时发现和处理泄漏问题。定期检查设备的密封性和管道状况，确保所有接头和阀门的完好性。

④ 设置放散系统。气体放散系统须按照设计要求设置，并定期检查其工作状态，确保能够及时将有害气体安全排放到指定位置，避免对环境和操作人员造成影响。

⑤ 防尘防毒。防尘防毒技术包括安装高效的除尘设备和通风系统，使用安全的防护设备和个人防护用品，定期检测工作环境中的粉尘和有毒气体浓度，确保符合安全标准。

⑥ 耐火材料安全技术。耐火材料安全技术包括选择高质量的耐火材料、定期检查其耐火性能，并确保在高温环境下能够有效保护设备不受热损伤。

⑦ 煤粉喷吹系统安全技术。在喷吹系统内动火前须经过安全部门审批，设立防火措施，喷吹系统中应安装逆止阀，控制储煤时间，确保煤粉流速合

适，并设置泄爆孔以防止意外。

⑧ 高炉停炉安全技术。停炉前必须确保高炉与煤气系统完全分隔，打水停炉时应监测炉顶温度，避免休风，并严格控制煤气中二氧化碳和氢的含量，防止发生爆炸。

⑨ 高炉维护安全技术。在煤气作业前通知煤气防护站，进行气体检测并佩戴氧气呼吸器；煤气管道动火时须取得动火票，并对容器作业进行空气质量检查。

⑩ 炼钢安全生产技术。熔融物遇水爆炸防护，化学反应喷溅防护，氧枪系统安全技术，废钢与拆炉爆破安全技术，以及钢、铁、渣烧伤的防护措施。

⑪ 轧钢安全生产技术。原料准备中的安全技术（如火焰清理机的安全设置），加热与加热炉的安全技术，冷轧生产中的个人防护，以及严格遵守煤气安全操作规程。

⑫ 煤气安全技术。防止煤气中毒、爆炸、火灾等安全技术措施，如气体分析、动火前的检查和防火设施的配备。

⑬ 氧气设备安全技术。确保氧气设备配备有安全泄压装置、报警停车装置等，设置防爆墙、防雷防静电设施。

⑭ 铜冶炼、铅冶炼、金银提取等安全技术。涉及设备防腐、废物处理、烟气治理、职业病预防等技术要求。

7.5 金属非金属矿山安全技术

矿产资源是人类赖以生存、社会赖以发展的物质基础，是生产力构成的主要因素之一。据统计，世界 95%的能源以及 80%的工业原料来自矿物原料。矿产资源是一个国家经济发展的首要条件以及经济实力的重要标志。在世界已发现的 200 余种矿产中，我国有 160 多种，矿产资源储量位于世界第三位，其中 20 种重要矿产的探明储量居世界前列，但人均占有量位于世界第 80 位。在主要的矿产资源中，只有锑超过世界人均占有量，超过世界人均水平 50%的有铁和锡，其他均低于世界人均值的 1/5。我国资源特点是分布不均、贫矿多富矿少。

我国金属矿床具有规模小和埋藏深的特点，大部分露天矿需要地下开采深部矿体。进入 21 世纪后，一方面因露天矿逐步转入地下开采，需要通过露天地下联合开采以形成相对稳定的产量规模；另一方面则因深凹露天矿开采条件越来越差，剥采比大，采矿综合成本增加，需要采用露天地下联合采矿技术以改善矿山经营效益。因此，越来越多的矿山将进行露天地下联合开采。露天地下同时开采包括露天地下同时开采同一矿体和露天地下联合回采两大类。露天地下同时开采同一矿体，其回采工艺相对独立。但地下采矿方法受到较多限制，一般要求地下采用充填采矿法，故目前主要在有色金属或价值高的矿床应用。露天地下联合回采是在联合开采的基础上进一步从回采工艺上实现联合，形成一种新型的露天地下联合采矿方法，将露天采矿工艺和地下采矿工艺有机结合起来，达到大规模联合采矿的目的。单一采场的联合采矿在国内外少数矿山已有应用，其目的主要是解决露天坑底水平隔离层的回采问题。从减少剥离量、扩大采矿规模和实现内部排土场目的出发的大规模联合采矿技术的研究工作在国内处于起步阶段。露天地下同时开采能充分发挥联合开采的优势，矿山产量规模相对稳定，可实现配矿，露天与地下工程可相互利用形成统一的开拓系统，通过井下出矿可大幅度减少剥离量，可形成内部排土场等，上述优势使其具有更大的技术潜力。

7.5.1 金属非金属矿山的常见危险源

基于矿山作业环境的显著差异，可以将金属非金属矿山的常见危险源分为露天矿山和地下矿山两类进行讨论。露天矿山主要面临边坡失稳、爆破作业、设备运行和天气条件等风险，由于作业在地表进行，边坡塌方、滑坡以及因天气变化导致的安全隐患是常见的危险源。而地下矿山则面临更为复杂的危险源，如通风不良、瓦斯爆炸、透水、冒顶、火灾以及动火作业和爆破作业引发的事故。地下作业的封闭环境使得这些危险源的后果更为严重，容易造成大规模的人员伤亡和设备损毁。因此，露天矿山和地下矿山的危险源因其作业特点和环境的不同而各有侧重。

(1) 露天矿山的危险因素

① 滑坡与坍塌。露天矿山采区受地形地貌、自然环境、矿床埋藏条件的制约，加上矿产实际开采过程中相关生产工艺要求，很多矿山开采时会出现坡度较大的施工场地。此种情况下，处在上部位置的岩体受各种环境因素影响，其稳定性会变差，极易出现滑落或跌落。露天采场采用中深孔爆破，爆破的地震效应较强，对边坡的稳定影响较大，若邻近边坡的爆破未采取措施严加控制，则可能直接或间接导致滑坡或坍塌。

② 滚石（物体打击）。露天矿山实际开采作业时，因为存在各种管理问题，容易出现“伞檐”现象。一些工作面存在未彻底清理的浮石，在开采作业时，由于采动的作用，岩体极易出现滑落。出现滚石问题的原因有：处理“伞檐”现象和浮石现象不够及时；进行爆破作业时，边帮中浮石出现滑落；设定的安全平台相对过窄，导致滑落的浮石无法得到有效缓冲与拦截。

③ 爆破器材的使用及意外爆炸（放炮和火药爆炸）。人们可以使用爆破方式开采露天矿山，其爆破工艺通常为岩用炸药爆破、非电导爆管引爆。炸药等爆破器材是危险品，用于矿山生产存在以下危险：爆破器材的运输（送）、使用、存放及起爆药包加工风险；爆破作业风险；残炮、盲炮处理不当等。

④ 高处坠落。露天矿山采场的工作面相对高差较大，使得人员以及相关材料、设备的势能较大。处于作业面边缘位置的人员、材料以及机械设备等较易发生坠落危险。

⑤ 车辆伤害。露天矿山使用汽车运输，在车辆运行中，存在发生车辆伤害的危险。该类危险源的主要成因有：运输车辆缺少必要的检修和维护；自然条件的不利影响；安全管理不到位等。

⑥ 机械伤害。露天矿山采剥、生产作业利用各种掘进、钻探设备，这些设备使用过程中会产生较大的能量。通常，造成机械伤害的危险源主要表现为：一是人的不安全行为；二是设备安全性能不好。

⑦ 空压机及压力容器爆炸。露天矿山穿孔作业常使用空气压缩机为潜孔钻机、凿岩机提供气源。产生该类危险源的主要原因有：风包存在一定缺陷，风包强度达不到标准的要求，尽管风包仍在额定压力下工作，仍然可能发生爆炸；风包超压，风包内气体压力由压力调节器和安全阀来确定，一旦出现故障，风包内气体压力急剧上升，超过风包的强度极限时，就会发生爆炸。

⑧ 火灾。露天采场燃油设备、物料聚集处等易发生火灾。引起火灾事故的主要因素如下：一是设备原因，如不符合防火规定要求、违反安全条例、燃油设备使用或者维护不合理等；二是物料原因，如可燃物质产生自燃、机械摩擦或撞击生热、在运输装卸时受剧烈震动等；三是环境原因，如高温、通风不良、雷击、静电、地震等自然因素；四是人为管理不当原因，如管理人员未养成良好的安全防火意识、疏于对火灾事故的防范等。

⑨ 触电。触电伤害常分为电击和电伤两种形式。电击是指电流通过人体内部的组织和器官，从而引起人体组织损伤，破坏人的心肺及神经系统的正常运转，会导致人体痉挛、窒息，甚至危及人的性命。电伤是通过电流的热效应、化学效应或机械效应对人体产生伤害。

(2) 地下矿山的危险因素

① 动火作业安全隐患。在金属与非金属地下矿山开采过程中，确实需要使用大量的地下电气设备及电气焊作业。这一过程中，若是缺乏对动火作业安全的管理，会形成矿山生产过程的安全隐患，如设备的维护、检修及电气焊危险作业等。如果这些作业过程中的安全管理措施没有得到充分落实，可能引发严重的矿山火灾事故。一旦发生火灾，会使烟尘和有毒有害气体迅速扩散，对金属开采作业人员的生命安全构成严重威胁。

② 开采运输安全隐患。在矿山开采过程中，运输系统具有至关重要的作用，但在运输过程中存在一些安全隐患和效率问题。如果选择的运输设备落后或老化严重以及提升钢丝绳未按规定进行检查和试验，可能导致安全风险的产生和生产效率的降低。在矿山开采过程中，运输设备负荷大、设备保养不足、操作不规范等因素也会导致运输安全出现严重的问题。

③ 矿山采空区安全隐患。在采空区管理工作中，如果忽略对可能引发地压或塌陷的情况进行分析和监测，可能发生意外事故，影响管理效果，导致人员伤亡。在采用崩落法采矿时未进行中段采场的顶部覆盖或充填，或者在充填法采矿时未及时充填采空区，导致采空区暴露面积大且暴露时间长，容易发生冒顶事故。

④ 地下通风安全隐患。通风系统的布置不当，会导致无轨运输产生的尾气和粉尘无法及时排出，或者新鲜风流被污染。这将导致矿山环境不佳，影响采掘工作的正常开展。为了节约成本，部分小型矿山在生产中只是应付安全监管部门的检查而设置了机械通风系统，平时仍然采用自然通风。这种做法通风效果不佳，增加了安全风险，对安全生产造成潜在威胁。部分非金属矿山缺乏专业的通风管理人员，无法结合实际情况配置科学合理的通风系统，如搭建导风板、风桥以及风墙等设施，导致风流出现紊乱。部分非金属矿山未根据相关要求对井巷的风量以及风速进行检测，无法准确掌握井下的实际通风情况。此外，部分非金属矿山通风设备的质量不达标，无法充分满足地下通风的要求，导致地下无风、微风的情况，从而可能对矿山生产和作业人员的人身安全造成严重的影响。

⑤ 水文地质事故隐患。在金属非金属矿山生产中，防水和排水工程是至关重要的。特别是在地理地质条件复杂的地方，即使在开采前期已经进行了科学合理的地质调查，但受各方面因素的影响，仍可能未对含水层、老窑、溶洞等方面采取足够的预防措施。同时，部分金属非金属矿山并没有构建起完善、

安全的矿柱，甚至部分矿山保安矿柱在生产过程中遭到了破坏，这就进一步导致地下矿山的含水层可能出现坍塌，导致透水事故。此外，部分矿山在开采作业时并没有对地方区域开展严格细致的水文地质情况调查，所以同样可能导致矿山透水事故。

⑥ 爆破作业安全隐患。金属非金属矿山中，爆破作业的人员在没有得到合格培训的情况下从事爆破作业，存在安全风险。对于矿山开采所需要的民爆产品，如果未建立完善的管理制度，导致对应产品的出入库情况没有按照严格的要求落实到位，会给安全管理带来风险。矿山地下工作面上的爆炸物品没有适当堆放和监管，存在散放的情况，可能发生意外引发事故。涉爆人员在矿山地下工作时，违反规程处理盲炮、瞎炮，不按规定回收残留的爆炸物品，以及没有根据相关规程要求装填炸药或者未按规定撤离到安全位置，都会引发安全事故。

（3）尾矿库的安全隐患

尾矿库是指筑坝拦截谷口或围地构成的用以储存金属非金属矿山矿石选别后排除尾矿的场所。尾矿坝是由尾矿堆积而成的坝，它是尾矿库中最主要的构筑物。按照尾矿堆积方式的不同，尾矿坝可分为上游法、中线法、下游法、高浓度尾矿堆积法和水库式尾矿堆积法 5 种主要形式。尾矿库安全度主要根据尾矿库防洪能力和尾矿坝坝体稳定性确定，分为危库、险库、病库和正常库四级。

① 危库。危库是指安全没有保障，随时可能发生垮坝事故的尾矿库。危库必须停止生产并采取应急措施。

② 险库。险库是指安全设施存在严重隐患，若不及时处理将会导致垮坝事故的尾矿库。险库必须立即停产，排除险情。

③ 病库。病库是指安全设施不符合设计要求，但符合基本安全生产条件的尾矿库。病库应限期整改。

④ 正常库。同时满足下列工况的为正常库：a. 尾矿坝的最小安全超高和尾矿库的最小干滩长度均符合设计要求；b. 排水系统各构筑物符合设计要求，工况正常；c. 尾矿坝的轮廓尺寸符合设计要求，稳定安全系数及坝体渗流控制满足要求，工况正常。

7.5.2　常用的防治技术

金属非金属露天矿山开采过程中，因其作业环境的开放性和复杂性，常面临诸多安全风险。这些危险源包括边坡失稳、爆破作业中的飞石、设备故障以及由气候条件引发的突发性灾害等。这些危险源不仅威胁着矿山作业人员的生命安全，也可能对矿山设施和周边环境造成严重损害。为此，针对这些特定风险的防治技术研究和应用成为矿山安全管理的核心任务之一。对危险源的精准识别、实时监测以及预防措施的优化，能够有效降低安全事故的发生率，保障露天矿山的安全生产。

(1) 滑坡与坍塌

金属非金属矿山中的滑坡与坍塌防治技术是确保露天矿山安全作业的关键措施。通过详细的地质勘察，了解地质构造、岩体性质及断层裂隙等信息，科学设计开采方案，优化边坡角度和台阶高度，从源头上降低滑坡与坍塌的风险。边坡监测系统的建立能够实时监控边坡稳定性，及时发现和预防潜在的滑坡或坍塌问题。精细化爆破技术在降低爆破地震效应方面起到重要作用，通过严格控制爆破参数，减少对边坡稳定性的影响。此外，在降雨量集中的月份，采取有效的排水措施，防止雨水冲刷边坡，从而进一步减少滑坡诱因。这些技术手段的综合应用，全面提升了矿山滑坡与坍塌的防治能力，确保了矿山作业的安全性。

(2) 滚石（物体打击）

金属非金属矿山中的滚石（物体打击）防治技术旨在防止滑落石块对作业人员和设备造成危害，确保矿山作业安全。通过定期清理工作面和边坡上的浮石，避免“伞檐”现象，及时处理潜在的滑落风险。设置足够宽的安全平台，有效缓冲和拦截滑落的浮石，提供额外的安全保障。此外，加强爆破作业管理，确保爆破后边坡的稳定性，防止浮石滑落。这些技术措施的综合应用，有效降低了滚石事故的发生率，提升了矿山作业的安全性。

(3) 爆破器材的使用及意外爆炸

金属非金属矿山中的爆破器材使用及意外爆炸防治技术是保障矿山爆破作业安全的核心措施。建立完善的爆破器材管理制度，严格控制器材的运输、使用、存放及起爆药包加工等环节，确保每一步骤都符合安全规范。针对残炮和盲炮，制定详细的处理方案，防止因处理不当引发意外爆炸。通过对爆破作业人员进行系统培训和定期演练，提升其安全操作技能和应急处理能力。这些技术措施的综合应用，有效降低了爆破作业中的风险，确保了矿山作业的安全性。

(4) 高处坠落

金属非金属矿山中的高处坠落防治技术旨在确保高处作业人员的安全。通过在高处作业区域设置安全护栏和安全绳等防护设施，有效防止人员坠落事故的发生。同时，加强对高处作业人员的安全培训，提高他们的安全意识和防范能力。定期检查和维护高处作业设备，确保其安全可靠。这些技术措施的综合应用显著降低了高处坠落的风险，提升了矿山作业的安全性。

(5) 车辆伤害

金属非金属矿山中的车辆伤害防治技术关键在于保障运输车辆和道路的安全性。通过建立车辆定期检修和维护制度，确保运输车辆始终处于良好状态，降低故障导致的事故风险。定期维护运输道路，保持其平整和安全，减少自然条件对道路的负面影响。加强车辆安全管理，严格执行操作规程，确保管理措施到位，有效防止因管理不善引发的事故。这些技术措施的综合应用，显著降低了车辆伤害事故的发生率，提升了矿山作业的安全水平。

(6) 机械伤害

金属非金属矿山中的机械伤害防治技术旨在确保设备和操作人员的安全。通过定期检查和维护采剥及生产作业设备，保持其良好的安全性能，减少设备故障带来的伤害风险。同时，对操作人员进行系统的安全培训，使其熟悉设备操作规程，避免不安全行为的发生。此外，为设备配备必要的安全防护装置，进一步降低机械伤害的风险。这些技术措施的综合应用，有效提升了矿山作业的安全性，保护了工人的健康和安全。

(7) 空气压缩机及压力容器爆炸

金属非金属矿山中的空气压缩机（空压机）及压力容器爆炸防治技术至关重要，以保障设备安全运行和防止爆炸事故。首先，选择符合安全标准的空压机和压力容器设备，确保其质量可靠。其次，严格控制设备的工作压力，安装压力调节器和安全阀，以防止超压运行。最后，定期对空压机和压力容器进行检修和维护，及时发现并处理设备缺陷，防止潜在的爆炸风险。这些技术措施的综合应用，有效提高了设备的安全性，降低了爆炸事故的发生概率。

(8) 粉尘

金属非金属矿山中的粉尘防治技术旨在有效控制和减少粉尘对作业环境和工人健康的影响。通过洒水降尘，在采掘、运输和破碎加工等环节减少粉尘产生和扬尘。采用密闭作业方式，尽量减少粉尘外溢。在作业区域设置通风除尘系统，及时排出和处理粉尘，改善工作环境。同时，为作业人员配备防尘口罩和防尘服等个人防护装备，减少粉尘对人体的危害。这些技术措施的综合应用，有效降低了粉尘对矿山作业的影响，保障了工作环境的安全和工人的健康。

(9) 有毒有害气体

金属非金属矿山中的有毒有害气体防治技术旨在保障作业环境的安全并保护工人健康。通过在自卸汽车排放尾气和爆破作业产生炮烟的环节安装尾气净化装置，有效减少有毒有害气体的排放。设置通风换气系统，及时排出作业区域中的有毒有害气体，改善工作环境。同时，为作业人员配备防毒面具等个人防护装备，降低有毒有害气体对人体的危害。这些技术措施的综合应用，有效提升了矿山作业环境的安全性，确保了工人的健康保护。

(10) 噪声危害

金属非金属矿山中的噪声危害防治技术致力于减少噪声对作业环境和工人健康的影响。通过采用低噪声设备或为现有设备安装降噪装置，从源头减少噪声的产生。在噪声较大的作业区域设置隔音屏障或隔音房，有效降低噪声对作业人员的影响。此外，为作业人员配备耳塞、耳罩等个人防护装备，以减少噪声对人体的危害。这些技术措施的综合应用，有助于改善矿山作业环境，保护工人的听力健康。

(11) 凿岩机振动

金属非金属矿山中的凿岩机振动防治技术旨在减轻振动对作业人员的影响，保护其健康。通过选用低振动的凿岩设备，有效降低设备操作过程中产生的振动。为凿岩作业人员配备防振手套等个人防护装备，进一步减少振动对身体的危害。这些技术措施的综合应用，不仅改善了作业环境，还有效防止了振动病的发生。

(12) 尾矿库灾害

尾矿库作为金属和非金属矿山生产过程中处理尾矿的主要设施，其安全性直接关系到矿山周边环境和人员的安全。然而，由于尾矿坝结构复杂、受外界因素影响较大，尾矿坝事故时有发生。尾矿坝事故的主要类型包括坝体失稳、溃坝、浸润线超标以及坝体渗漏等，这些事故往往造成严重的生态环境破坏和人员伤亡。为了有效预防尾矿坝事故，必须加强对尾矿坝设计、施工、运行和维护的全方位管理，同时采用先进的监测技术和防治措施，确保尾矿坝的长期稳定和安全运行。

7.5.3　金属非金属矿山应急救援技术

金属非金属矿山开采过程中存在多种潜在的安全风险，包括冒顶片帮事故、井下火灾、水灾、炮烟中毒、窒息事故以及尾矿库溃坝事故等。每种事故都具有突发性和灾难性，因此必须在应急救援中采取迅速而科学的措施，最大限度地减少人员伤亡、财产损失和环境影响。

（1）冒顶片帮事故的应急救援技术

冒顶片帮事故是矿井生产过程中常见的事故，主要由顶板意外坍塌或片帮导致。处理此类事故时，首要任务是保护遇险人员的安全，同时防止次生事故的发生。其关键的应急救援措施包括：

① 支护加固。首先需迅速加固冒顶区两端的支架，防止冒顶范围进一步扩大，保障救援工作顺利开展。

② 与遇险人员联系。通过呼喊、敲打等方式与被困人员取得联系，并利用地音探听器确定其具体位置与人数。

③ 小心清理矿石。清理冒落矿石时，特别是在接近被埋压人员时，只能手动清理，以免造成二次伤害。

④ 使用千斤顶救援。当遇险人员被岩石压住时，不允许使用爆破方式，应使用千斤顶等工具将岩石顶起进行救援。

（2）井下火灾事故的应急救援技术

井下火灾的主要危害来自有毒气体以及火势扩散造成的窒息和烧伤风险。应急救援时，要迅速灭火、控制火灾蔓延，保证井下人员安全撤离。常见的应急救援措施如下：

① 初期灭火。在火灾初期，如果火势较小，救援人员可以使用灭火器、泡沫或水泵直接进行灭火。

② 封闭火区。当火势无法控制时，应封闭火区的进、回风道，降低氧气浓度，使火源自然熄灭。

③ 惰性气体灭火。若火区气体有爆炸危险，可以在确认所有人员撤离后向火区输送惰性气体，阻止火势蔓延。

④ 加强通风。救援时保持灾区通风，防止有毒气体积聚，并适时调整通风方式，确保救援人员的安全。

(3) 井下水灾事故的应急救援技术

井下水灾是由突如其来的涌水或矿井积水引发的重大安全事故，可能导致矿井被淹没和人员被困。救援技术强调迅速撤离与排水，具体措施包括：

① 人员撤离与救援。根据矿井的撤退路线，迅速将灾区和受威胁区域的人员撤出，救援人员应从上部水平和逆水流方向进入灾区救人。

② 关闭水闸门与堵水。根据水源、涌水量和排水能力，决定是否关闭水闸门。在关闭水闸门前，确保所有人员撤出灾区。

③ 打钻供气。如遇险人员位于高于水位线的区域，可通过打钻供给空气、食物和饮用水，以保障其生存条件。

④ 防止二次突水。在进行排水与侦查时，必须保持巷道通畅，防止发生二次突水，并注意冒顶、掉底等次生事故的发生。

(4) 炮烟中毒及窒息事故的应急救援技术

井下爆破会产生大量有毒气体，如一氧化碳和氮氧化物，这些气体若不及时排出会导致人员中毒或窒息。应急救援技术需重点处理有毒气体的排放和对中毒人员的救治，具体如下：

① 保持局部通风。在危险区域，局部通风设备必须保持开启，及时排出有毒气体。

② 中毒救治。将中毒者转移到通风良好的地方，进行人工呼吸和心脏按压，必要时可戴上防毒面具或使用自救器进行急救。

③ 人工呼吸与心脏按压。对已停止呼吸但心脏仍在跳动的人员，需进行人工呼吸和胸外心脏按压，防止窒息死亡。

(5) 尾矿库溃坝事故的应急救援技术

尾矿库溃坝是一种极具破坏力的矿山事故，可能引发泥石流和滑坡，造成严重的人员伤亡和环境污染。应急救援时需要采取迅速的疏散与堤坝加固措施，具体如下：

① 紧急疏散。在溃坝警报发布后，立即组织现场人员和周边居民按预定路线撤离至安全区域。

② 堆沙袋与打木桩。在溃口处堆积沙袋并打木桩，阻止决口扩大，同时在下游建立围堰，防止尾矿流入周边环境造成更大污染。

③ 污染控制。对外泄尾矿进行围堰堵截，防止污染物进一步扩散，必要时组织人员进行伤员救治和翻掘搜救。

（6）综合决策建议

为应对矿山突发事故，需遵循以下几条关键决策原则：

① 以救人为核心。无论发生何种事故，救援的首要任务是保障人员生命安全，采取多种手段科学施救，防止次生事故的发生。

② 科学评估与处置。针对不同类型的事故，需详细评估事故范围、影响因素和环境条件，制订最合适的救援方案。

③ 应急物资保障。救援物资的充分准备是成功施救的基础，矿山应常备氧气呼吸器、排水设备、沙袋、应急通信设备等必要的物资和装备。

④ 加强监测与预警。在救援过程中，实时监测事故现场的有毒气体、顶板塌陷、突水风险等情况，保障救援人员的安全，避免扩大灾情。

7.6 煤矿安全技术

中国具有富煤、少气、贫油的能源禀赋，煤炭作为一种重要的一次能源，在我国一次能源消费构成中占 70%以上，我国 76%的发电能源、76%的工业燃料和动力、60%的民用商品能源以及 70%的化工原料都是煤矿提供的。煤炭工业在国民经济发展中也具有长期、稳固、不可代替的基础地位。安全生产是煤矿企业的不懈追求，也是煤炭行业持久健康发展的根本保障。

2009—2018 年煤矿事故起数和死亡人数处于持续下降趋势。我国煤矿安全形势持续稳定向好，在事故发生级别上，一般事故发生的事故起数最多，累计造成的人员死亡也最高，其次是较大事故和重大事故，特别重大事故发生起数在 2016 年出现了回升，但是 2017 年出现回落，没有发生特大事故。2010～2019 年煤矿百万吨死亡人数具体情况见图 7-12。

7.6.1 煤矿的常见危险源

总体来看，我国主要煤田的构造复杂程度远远超过北美、澳大利亚、印度、俄罗斯等地区或国家的煤田。复杂的地质条件为煤矿安全生产带来了高瓦斯、高地应力、高地温等诸多灾害因素。

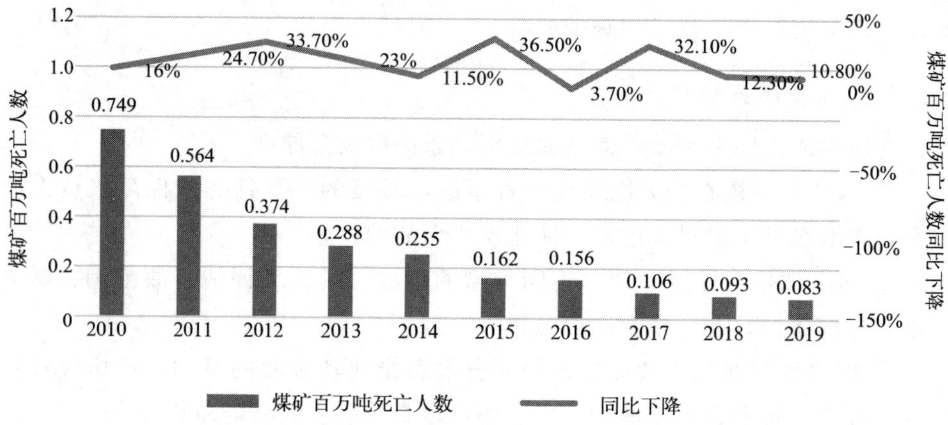

图 7-12　2010～2019 年煤矿百万吨死亡人数具体情况

(1) 瓦斯——瓦斯爆炸

瓦斯爆炸是煤矿生产中最严重的灾害之一。爆炸产生的高温高压气体使爆炸源附近的气体以极高速度向外冲击，并生成大量有害气体。这不仅严重损坏井下设施，还会导致大量人员伤亡，有时甚至引发连续多次瓦斯爆炸、粉尘爆炸和井下火灾。据统计，我国陆上埋深 2000m 以上的煤层瓦斯资源量为 314600 亿立方米，测定的煤层最高瓦斯压力达到 13.8MPa。富瓦斯煤层使我国煤矿瓦斯灾害十分严重，瓦斯已成为煤矿中最大的危险源之一。

(2) 煤尘——煤尘爆炸

矿井煤尘不仅严重影响井下作业环境，对工人的眼睛、牙齿、皮肤等也有不同程度的损害，长期接触煤尘的工人容易患上肺尘埃沉着病（尘肺病）。此外，可燃煤尘在一定条件下会发生粉尘爆炸，给矿井带来严重损害。煤炭生产的各个环节都会产生煤尘，煤尘爆炸是煤矿中严重的灾害之一。历史上，世界各国的煤矿都曾因煤尘爆炸而遭受重大损失。

(3) 火——煤矿火灾

煤矿火灾包括内因火灾（自燃火灾）和外因火灾，是煤矿中常见的严重灾害。火灾不仅会烧毁大量煤矿资源和设备，还会产生大量高温烟流和有害气体，威胁井下工作人员的生命安全，有时甚至会引发瓦斯和煤尘爆炸，进一步扩大灾难性。

（4）水——煤矿水灾

水是煤矿另一重要的危险源。水害的危险性与矿井水文地质类型、矿井涌水量密切相关。矿井中的积水会造成井下设备浸泡损坏，影响正常生产，并且在积水突然涌出时会导致井下人员被困或淹溺等安全事故。

（5）顶板危险

顶板危险源存在于任何煤矿中，其危险性主要与煤矿地质条件、顶板稳定性和支护情况相关。顶板失稳会导致冒顶事故，严重威胁井下人员安全。

（6）冲击矿压危险

冲击矿压是一种以煤岩体急剧、猛烈破坏为特征的动力现象。冲击矿压发生时，煤岩体在外在作用下的变形能瞬间释放为动能，导致煤岩体急剧破坏、坍塌冒落，伴随气体或液体喷出，造成人员伤亡。若喷出气体中含有爆炸性瓦斯，遇火源可能引发爆炸，造成更大灾害。例如，2005 年辽宁阜新孙家湾海州立井“2・14”事故就与冲击矿压有关。

（7）热害

随着开采深度的增加，围岩温度升高，加之采掘机械化程度提高，机械设备和电气散热等影响，矿井热害问题日益突出。高温环境不仅影响井下作业人员的身体健康，还会降低设备的工作效率，增加设备故障率。

（8）其他危险源因素

煤矿还存在其他危险源因素，如电、辐射、振动、噪声、电磁污染、机械能异常传递等。随着煤矿装备水平和生产集中化程度的提高，机电装置向智能化、重型化、高能级方向发展，煤矿井下的电等级和容量增大，与之相关的致灾因子也在增加。因此，必须采取相应的控制防范措施，最大限度降低其带来的安全风险。

7.6.2　常用的防治技术

煤矿安全防治技术总体上呈现出智能化、自动化和综合化的趋势。通过智能监测与预警系统、自动化控制技术和高效防护设备的应用，现代煤矿在实时监测、自动化操作和个体保护方面取得了显著进展。环境优化技术、数据分析与人工智能的结合进一步提升了矿井的安全管理水平。同时，完善的综合安全管理体系和持续的创新研究不断推动行业技术的发展。整体来看，这些技术的进步显著提高了矿井的安全性和生产效率，为矿工提供了更安全的工作环境。

（1）瓦斯防治

瓦斯监测与预警系统是一种用于监控瓦斯浓度并发出预警信号的技术系统，通常用于矿井、隧道、工厂等有瓦斯泄漏风险的场所。其主要目的是保障工作环境的安全，防止因瓦斯浓度过高而导致的爆炸、火灾等事故的发生。瓦斯监测与预警系统在矿井安全管理中起着至关重要的作用。通过在矿井关键区域部署高精度的瓦斯监测仪器，实时监控瓦斯浓度的变化，并结合自动报警系统和数据分析功能，能够迅速发现和应对潜在的瓦斯泄漏风险。此外，系统还结合了通风优化、瓦斯抽采和隔爆措施等多种手段，确保瓦斯浓度维持在安全范围内。同时，通过定期维护设备和加强人员培训，提高了应急响应能力和操作规范，全面提升矿井的安全防护水平。

（2）煤尘防治

煤尘防治技术是保障矿井和工人健康安全的重要措施。通过湿法作业、通风系统优化和除尘装置的配备，全面抑制和减少煤尘的产生和扩散。湿法作业通过喷雾系统、湿润处理和定期清洗，有效控制煤尘飞扬；合理的通风设计和风流控制确保煤尘及时排除，并通过定期维护风机保障通风系统的正常运行；布袋除尘器和静电除尘器等除尘装置进一步减少煤尘浓度。此外，工作环境控制、个人防护措施以及健康监测也为工人提供了全面的保护，降低了煤尘对健康的危害。

（3）火灾防治

煤矿防火技术在确保矿井安全运行中发挥着关键作用。通过使用阻燃支护材料、防火涂料和防火门，有效降低火灾发生和蔓延的风险。火灾监测方面，通过烟雾探测器、温度传感器及报警系统及时发现火灾初期迹象，并迅速响应。灭火设备的配备，如灭火器材及自动灭火系统，确保在火灾发生时能够快速有效地进行灭火。防火通风系统设计则防止火灾通过通风管道扩散，应通过定期检查确保其正常运行。此外，通过消防培训、灭火演练和紧急疏散程序的掌握提高矿井人员应对火灾的能力，从而全面提升煤矿的防火安全水平。

（4）水患防治

煤矿防水技术是保障矿井安全的重要环节，通过排水系统、防水措施、监测系统和定期检查，有效预防和处理矿井中的积水和渗漏问题。在矿井底部和积水区域安装排水泵和合理设计排水管道系统，确保积水及时排出。使用防水材料和水挡设施减少水体渗入，并通过地质调查提前预防潜在的渗水风险。监测系统包括水位监测和泄漏检测，实时监控水位变化并记录数据以评估风险。定期检查和维护排水设备、防水设施及周围水源，确保其正常运行，并通过应急演练提高对水灾的应急处理能力，从而全面提升煤矿的防水安全水平。

（5）顶板防治

煤矿顶板防治技术是确保矿井安全和稳定的关键措施。通过科学的支护设计，根据地质条件选择适合的支护方案和结构，如钢支架、锚杆和混凝土支撑，并在采掘过程中灵活调整支护方案，以有效支撑顶板，防止塌方。顶板监测技术则通过变形监测和应力监测实时掌握顶板的状态，分析数据评估其稳定性，并在必要时调整支护措施。顶板加固手段，如喷射混凝土和锚杆支护，进一步增强顶板的稳定性。通过定期检查和管理制度的实施确保顶板管理工作得以持续进行，并提供技术支持解决实际问题，从而全面提升煤矿顶板的防护能力。

（6）冲击矿压防治

煤矿冲击矿压防治技术是保障矿井安全的重要手段，旨在有效应对和预防矿压引发的危险。通过监测系统的部署，包括矿压监测和地震监测，实时掌握矿压变化和地震活动，及时预警潜在的冲击事件。数据分析有助于评估冲击矿压的风险，并指导预防性措施的实施，如地质勘探、稳定性处理和压力释放，以降低矿压积累的风险。支护增强技术通过使用高强度支护材料和实时监测支护状态确保支护结构的稳定性，并根据矿压变化进行调整。采矿方法的调整也起到关键作用，通过优化采矿方式和计划避免高矿压区域的集中开采，降低冲击矿压的发生概率。这一系列技术手段的综合应用，全面提升了煤矿在面对冲击矿压时的安全防护能力。

（7）热害防治

煤矿热害防治技术是保障矿井工作环境安全与工人健康的重要措施。通过设计高效的通风系统增加风量和风速，并结合冷风系统降低工作面温度，确保良好的通风效果。冷却系统的应用，包括在高温区域安装冷却装置和确保冷却水供应充足，进一步降低环境温度。热量监测则通过温度监测和热量分析实时掌握工作环境中的温度变化，并设置预警系统，及时应对温度超标情况。防护措施如高温防护服和冷却设备为工人提供额外的保护，合理的休息安排则帮助工人应对高温环境，从而全面提升煤矿应对热害的能力，确保工人在高温条件下的安全和健康。

（8）其他危险源防控

煤矿中的其他危险源防治技术是保障工人健康和安全的重要措施，涵盖了噪声、辐射、振动和电磁污染等多方面的控制手段。通过使用隔音材料和噪声屏障隔离噪声源，减少噪声对工作环境的影响，并定期维护设备以降低噪声产生。辐射防护则依赖于辐射屏蔽材料的使用、辐射监测和安全操作规程的制定，确保工作人员免受辐射危害。振动控制通过安装减振设备、设置防振工作台面和维护设备稳定性，减少振动对作业环境的影响。电磁污染防护措施包括使用电磁屏蔽材料、实时监测电磁场强度，并制定严格的安全规范，以确保电气设备的安全操作。这些技术的综合应用，有效降低了煤矿中各种危险源对工人的危害，提升了矿井的安全管理水平。

7.6.3 矿山灾害应急救援技术

在矿井灾害应急救援中，矿山救护及应急救援技术支持体系和煤矿事故应急救援处理预案是至关重要的，因为这两部分共同构成了应对矿井突发事件的完整框架，确保灾害发生后能够迅速、高效地组织救援，最大限度地减少人员伤亡和财产损失。

（1）矿山救护及应急救援技术支持体系

① 技术支持体系。一旦发生矿山爆炸或火灾等灾变事故，往往需要动用数支矿山救护队。为了保证矿山应急救援的有效、顺利进行，必须建立应急救援技术支持体系。根据应急救援组织结构，分级设立、分级运作，统一指挥、统一协调，形成强有力的技术支撑。应急管理部矿山救援指挥中心的技术支持职能将由各职能处室履行，主要是对重大恶性事故、极复杂灾变事故的救护及其应急救援提供技术支持。区域救护大队是区域内矿山应急救援技术支持中心，可利用国家的重点资金支持，提高其技术水平、装备水平和作战能力，能够对本区域的应急救援提供支持和保障。必要时，在应急管理部矿山救援指挥中心的协调和指导下，可提供跨区域的应急救援技术支持和帮助。为了促进矿山救护技术的发展和技术进步，促进矿山应急救援整体水平的提高，在组建矿

山救援指挥中心的同时，还将组建矿山救护技术实验中心和矿山救护技术培训中心。

② 矿山应急救援信息网络体系。建设矿山应急救援信息网络和通信体系，将采取分步实施的办法。首先在应急管理部矿山救援指挥中心、各省矿山救援指挥中心与区域救护大队、矿山救护队之间联成网络；然后再与各煤炭企业联成网络，逐步扩大覆盖面，提高快速反应能力。在矿山应急救援信息网络体系中，既包含矿山应急救援工作的信息网络，也包含为矿山全面服务的信息系统。为保证应急救援的需要，逐步建立起救灾远程会商视频系统。

(2) 煤矿事故应急救援处理预案

煤矿事故应急救援处理预案是政府和企业为减少事故后果而预先制定的抢险救灾方案，是进行事故救援活动的行动指南。煤矿事故应急救援处理预案的内容包括指挥部的人员组成、分工和其他有关人员的名单、通知方法和顺序等。预案需要预测可能发生事故的性质、原因和预兆。同时，预案需要制定保证人员撤退的措施以及处理事故的具体措施。实施煤矿事故应急救援处理预案的要点在于迅速反应和正确行动；迅速查清事故发生的性质、位置、环境、规模及可能发生的危害；迅速建立应急领导机构、应急队伍、辅助人员以及灾区内人员之间的联络；迅速启动各类应急措施，调动应急人员奔赴灾区；迅速组织医疗、后勤、保卫等队伍及时响应；迅速通报灾情，通知本矿区和外矿区做好各项必要准备工作，当事故波及范围较大时，应请求当地政府启动场外事故应急救援处理预案以得到必要的援助。

同时，救援期间应保护或设置好避灾通道和安全联络设备，撤离灾区人员。无法开设安全通道时，应开辟安全避难所，并采取必要的自救措施。力争迅速消灭灾害，并注意采取隔离措施，转移灾区附近易引起灾害蔓延的设备和物品。撤离或保护好贵重设备，尽量减少损失。对灾区进行普遍的安全检查，防止死灰复燃及二次事故发生。多数灾害事故在发生初期，波及范围与危害作用较小，是消灭事故、减少损失的最有利时机。在场人员在没有能力处理灾害时，如何保护自己、组织自救是极为必要的。事故时现场人员应尽量了解或判断事故的性质、地点及灾害程度，并迅速报告给调度人员。在保证人员安全的前提下，尽可能用现有的设备和工具材料等进行抢救和自救。如事故造成的危险较大，难以清除时，由在场负责人或有经验的老工人带领，根据当地的实际情况，选择安全路线迅速撤离危险区域。

7.7 其他安全技术

7.7.1 新能源安全技术

新能源的发展是人类走向可持续发展和环保共生的必然选择，随着全球气候变化问题日益严峻，传统化石能源的副作用日益显现，迫切需要寻找替代方案来减少碳排放、保护环境。常见的新能源技术包括光伏技术、风能技术、电化学储能技术、氢能技术等。这其中，电化学储能技术和氢能技术所带来的便利性与普及性愈发受到人们的重视。但是，这些新技术的投入，也伴随着相关安全问题需要深入研究解决。

(1) 电化学储能安全技术

电化学储能体系主要包括锂离子电池、锂硫电池、钠离子电池和钾离子电池等。这其中，锂离子电池因其能量密度高、输出功率大、循环寿命高、无记忆效应、充电速度快、工作温度宽泛等优点，被应用于电子产品、军工产品、航空产品等相关领域。相较于其他电池体系，锂离子电池拥有更高的能量比、更高的输出电压和较低的记忆性能以及较好的安全性等优势，因此，在电池行业领域占据了重要地位。锂电池发生火灾时通常是链式反应，一旦一块锂电池热失控发生火灾，内部的链式反应会使整个锂电池组都发生火灾，造成不可估量的后果。目前，挤压、碰撞、穿刺、过充过放、短路、环境温度过高等会导致锂电池热失控。

发生火灾时，锂电池往往会释放大量有毒气体，在燃烧过程中释放 CO、CO_2、氟化氢、二氧化硫、氮氧化物，产生大量烟气，可视度低，很难寻找火源，影响消防员进入火场。因此，研究锂电池火灾的灭火剂，阻隔电池组之间的链式反应尤为重要。锂电池灭火剂主要有液体灭火剂、固体灭火剂、气体灭火剂。目前，在电化学储能电池领域，出台了《电化学储能电站设计规范》(GB 51048)、《电动自行车用锂离子蓄电池安全技术规范》(GB 43854)、《锂原电池分类、型号命名及基本特性》(GB/T 10077)、《煤矿防爆锂电池车辆动力电源充电安全技术要求》(T/CCS025)、《煤矿防爆锂电池车辆动力电源换电安全技术要求》(T/CCS026) 等标准规范，以期实现该领域的安全管理。

（2）氢能安全技术

氢气泄漏检测是保障氢能全产业链安全运行的关键技术，主要分为直接检测和间接检测两大类。直接检测是基于氢气的物理特性，如红外吸收和光散射技术，直接检测氢气的存在。这类技术的物理意义明确，但精确测量通常需要大量光学元件，主要用于实验室和特殊环境。间接检测是利用氢气与特定物质的化学反应进行检测。常用的材料包括钯（Pd）、二氧化锡（SnO_2）等，这些材料与氢气反应后，会影响附着在其上的功能材料（如压电、热电、光敏和半导体材料）的光学、电学、磁学特性，从而间接检测氢气浓度。

目前，在氢能领域出台了《氢气使用安全技术规程》《氢系统安全的基本要求》《氢能车辆加氢设施安全运行管理规程》《氢能汽车用燃料液氢》《城镇民用氢气输配工程技术规程》等标准规范，以期实现该领域的安全管理。

7.7.2 石油天然气安全技术

石油天然气是一种不可再生能源，同时也是一种极其重要的能源，是我国有关产业实现转型发展的必要条件。但在石油天然气的生产、输送过程中，极易发生火灾、爆炸和中毒等安全事故，严重影响企业的运作，甚至威胁到作业人员的人身安全。因此，做好石油天然气资源的安全管理是各企业都要加以重视的问题。石油天然气安全事故发生的主要原因有两个。一方面，由于油气本身的物理、化学特性，其在加工、输送过程中更易发生安全事故。另一方面，在油气输送和管理过程中，会受到人为因素的影响或者设备故障而引发安全事故。随着相关产业的转型发展，对油气资源的需求也越来越大，后续油气运输管线的规划和建设也开始向长距离发展。因此，在石油天然气领域，重点针对管道线路和输送气站深入研究相关安全技术。

（1）管道线路

① 管道线路的布置及水工保护。输油气管道路由的选择，应结合沿线城市、村镇、工矿企业、交通、电力、水利等建设的现状与规划，以及沿线地区的地形、地貌、地质、水文、气象、地震等自然条件，并考虑到施工和日后管道管理维护的便利，确定线路合理走向。输油气管道不得通过城市水源地、机场、军事设备、车站、码头。因条件限制无法避开时，应实行必要的保护措施并经国家有关部门批准。输油气管道管理单位应设专人定期对管道进行巡线检查，按时处理输油气管道沿线的异样情况。

埋地输油气管道与地面建（构）筑物的最小间距应符合《输气管道工程设计规范》（GB 50251—2015）和《输油管道工程设计规范》（GB 50253—2014）等规定。埋地输油气管道与高压输电线平行或交叉敷设时，其安全间距应符合《66kV及以下架空电力线路设计标准（2025年版）》（GB 50061—2010）和《输油管道工程设计规范》（GB 50253—2014）等规定。

② 线路截断阀。输油气管道应设置线路截断阀，天然气管道截断阀附设的放空管接地应定期检测。定期对截断阀进行巡检。有条件的管道宜设数据远传、掌握及报警功能。天然气管道线路截断阀的取样引压管应装根部截断阀。

③ 管道穿跨越。输油气管道通过河流时，应依据河流的水文、地质、水势、地形、地貌、地震等自然条件，以及两岸的村镇、交通等现状，并考虑到管道的总体走向、日后管道管理维护的便利，选择合理的穿跨越位置。考虑到输油气管道的安全性，管道通过河流、大路、铁路时宜采用穿越方式。

输油气管道跨越河流的防洪安全要求，应依据跨越工程的等级、规模及当地的水文气象资料等，合理选择设计洪水频率。位于水库下游20km范围内的管道穿跨越工程防洪安全要求，应依据地形条件、水库容量等进行防洪设计。管道穿跨越工程上游20km范围内若需新建水库，水库建设单位应对管道穿跨越工程实行相应安全措施。输油气管道穿跨越河流、大路、铁路的钢管、结构、材料应符合国家现行的原油和天然气输送管道穿跨越工程设计标准的有关规定。管道跨越河流的钢管、塔架、构件、缆索应选择耐大气环境腐蚀、耐紫外线、耐气候老化的材料做好防腐。管道管理单位应依据防腐材料老化情况，制定跨越河流管道的修理计划和措施。管道穿越河流时与桥梁、码头应有充足的间距。穿越河流管段的埋深应在冲刷层以下，并留有充足的安全余量。采用挖沟埋设的管道，应依据工程等级与冲刷情况的要求确定其埋深。穿越河流管段防漂管的配重块、石笼在施工时，应对防腐层有可靠的保护措施。每年的汛期前后，输油气管道的管理单位应对穿跨越河流管段进行安全检查，对不满足防洪要求的穿跨越河流管段应按时进行加固或敷装备用管段。对穿跨越河流臂段采用石笼保护时，石笼不应直接压在管道上方，宜排布在距穿越臂段下游10m左右的位置。

(2) 输油气站场

输油气站场的进口处，应设置明显的安全警示牌及进站须知。对进入输油气站的外来人员应进行安全留意事项及逃生路线等应急知识的教育培训。石油天然气站场总平面布置，应依据其生产工艺特点、火灾危险性等级、功能要求，结合地形、风向等条件，经技术经济比较确定。石油天然气站场内的锅炉房、35kV 及以上的变（配）电所、加热炉、水套炉等有明火或散发火花的地点，宜布置在站场或油气生产区边缘。石油天然气站场总平面布置应符合《石油天然气工程总图设计规范》（SY/T 0048）等相关规定。

① 输油站。输油站的选址应满足管道工程线路走向的需要，满足工艺设计的要求；应符合国家现行的安全防火、环境保护、工业卫生等法律法规的规定；应满足居民点、工矿企业、铁路、大路等的相关要求。应贯彻节约用地的根本国策，合理利用土地，不占或少占良田、耕地，努力扩大土地利用率，贯彻保护环境和水土保持等相关法律法规。站场址应选定在地势平缓、开阔，避开人工填土、地震断裂带，具有良好的地形、地貌、工程和水文地质条件且交通联结便捷，供电、供水、排水及职工生活社会依托均较便利的地方。

站场选址应避开低洼易积水和江河的干枯滞洪区以及有内涝威胁的地段；在山区，应避开山洪及泥石流对站场造成威胁的地段，应避开窝风地段；在山地、丘陵地区采用开山填沟营造人工场地时，应避开山洪流经的沟谷，防止回填土石方塌方、流失，确保站场地基的稳定；应避开洪水、湖水或浪涌威胁的地带。

石油天然气站场消防设备的设置，应依据其规模、油品性质、储存方式、储存温度、所在区域消防站布局及外部协作条件等综合因素确定。油罐区应有完备的消防系统或消防装备；罐区场地夜间应进行照明，照明应符合安全技术标准和消防标准。应按要求配备可燃气体检测仪和消防器材；站场消防设备应定期进行试运行和维护。

② 输气站。输气站应地势平缓、开阔，且避开山洪、滑坡、地震断裂带等不良工程地质地段；站场的区域布置、总平面布置应符合《石油天然气工程设计防火规范》（GB 50183）和《输气管道工程设计规范》（GB 50251）等规定，并满足输送工艺的要求。

进、出站端应设置截断阀，且压气站的截断阀应有自动切断功能，进站端的截断阀前应设泄压放空阀；压缩机房的每一操作层及其高出地面 3m 以上的操作平台（不包括单独的发动机平台）应至少有两个安全出口及通向地面的梯子，操作平台的任意点沿通道中心线与安全出口之间的最大距离不得大于 25m，安全出口和通往安全地带的通道应畅通无阻；工艺管道投用前应进行强度试压和严密性实验；输气站宜设置清管设备，并采用不停输密闭清管流程；含硫天然气管道，清管器收筒应设水喷淋装置，收清管器作业时应先减压后向收筒注水；站内管道应采用地上或地下敷设，不宜采用管沟敷设；清管作业去除的液体和污物应进行收集处理，不应任意排放。

（3）防腐绝缘与阴极保护

埋地输油气管道应设计有符合现行国家标准的防腐绝缘与阴极保护措施。在输油气管道选择路径时，应避开地下杂散电流干扰大的区域。

电气化铁路与输油气管道平行时，应保持一定距离。管道因地下杂散电流干扰阴极保护时，应实行排流措施。输油气管道全线阴极保护电位应达到或低于－0.85V（相对 $Cu/CuSO_4$ 电极），但最低电位不超过－1.50V。

管道的管理单位应定期检测管道防腐绝缘与阴极保护情况。按时修补损坏的防腐层，调整阴极保护参数在最正确状态。管道阴极保护电位达不到规定要求的，经检测确认防腐层发生老化时，应按时布置防腐层大修。

输油气站场的进出站两端管道应实行防雷击感应电流的措施，保护站内装备和作业人员安全。防雷击接地措施不应影响管道阴极保护效果。

7.7.3 燃气安全技术

燃气作为一种清洁、高效的能源，已经被广泛应用于城市居民生活、工业生产和商业活动中。但近年来城市燃气燃爆事故频发，给人民的生产生活和生命安全带来了威胁。

在燃气安全技术中，爆炸预防是至关重要的核心环节。有效的爆炸预防技术包括燃气成分控制技术、温度控制技术和着火源切断技术。燃气成分控制技术通过精确调节燃气与空气的混合比避免形成爆炸性气体，从源头减少爆炸风险。温度控制技术如抑制蒸气压上升的措施，可以防止高温引发的压力波动带来爆炸隐患。而着火源切断技术则通过静电预防、静电消除及防雷等手段杜绝可能的火花和雷击等点燃源，确保燃气系统的安全稳定运行。这些技术的综合应用，是保障燃气系统安全、预防爆炸事故的关键。

在燃气安全技术中，爆炸防护技术扮演着至关重要的角色，以确保系统的安全稳定运行。这些技术包括泄压技术、真空技术、泄漏报警与紧急切断技术、过流保护技术、防止火焰传播技术以及安全隔离技术。泄压技术通过使用安全阀来释放过高的压力，防止系统因压力过大而引发爆炸。真空防止技术利用防真空装置避免因负压引发的设备损坏或气体回流。泄漏报警与紧急切断技术通过燃气浓度检测装置和紧急切断阀及时检测和响应燃气泄漏，防止事故扩展。过流保护技术则以过流保护阀避免流量异常对系统造成的损害。防止火焰传播技术，如阻火装置，防止火焰蔓延至其他区域。安全隔离技术则通过设置防火墙、防火堤等隔离措施，进一步保障燃气系统的安全。这些技术的综合应用有效地降低了燃气系统中的爆炸风险，保障了人员和设备的安全。

目前，相关部门出台了《城市燃气设施运行安全信息分类与基本要求》（GB/T 38289)、《建筑燃气安全应用技术导则》（CECS 364)、《燃气燃烧器具安全风险评估》（T/CECS 10376)、《城镇燃气设施运行、维护和抢修安全技术规程》（CJJ51)、《燃气分布式能源系统信息安全测评规范》（DL/T 2755）等标准规范，以期实现该领域的安全管理。

7.7.4 电力安全技术

电力作为现代社会一种特殊的产品已成为社会发展和人们生活必不可少的重要元素，电力在社会经济发展的过程中起到越来越重要的作用，依靠科技进步、依靠健全安全管理制度、依靠电力人员的努力为社会经济的发展保驾护航。电力企业在经历了快速发展的过程之后进入了急需完善的阶段，电力企业每年的安全生产事故并没有随着电力需求增长和电网的发展而有所减少，相反在有些年份电力事故还呈现增长的势头。电力事故不同的分类方法：

① 按技术分类可分为接地短路（外力破坏、对地放电）、继电保护（保护误动、保护拒动、二次回路故障等）和雷击等。

② 按责任分类可分为自然灾害（雷击、雾闪、覆冰等）、人员责任（运行人员和其他人员责任）、外力破坏和制造质量等。

下面从电力技术的应用发展和电力安全制度建设两方面论述保障电网安全的两个重要方面。

(1) 加强电网技术投资，提高电网技术含量

加强对电网技术人员专业技术培训，提高电力人的专业素质。在过往电网事故统计中，因继电保护问题造成的电网事故占比较高。由继电保护技术分类可以看出，保护误动、误碰误动、保护拒动和二次回路故障是造成或扩大电网事故的重要原因之一。高可靠性的电气设备能有效减少因雷击、污闪、保护误动、一次设备缺陷等原因引发的电网事故。同时，加强继电保护的运行管理和技术监督，也能够避免电网事故。

(2) 加强安全制度建设，建立健全安全文化体系

众所周知，电力行业是一个高危行业，“安全第一”使人们不得不去考虑，从要我安全到我想安全，电力企业已经形成了独具特色的安全文化。社会经济

的快速发展对电力供应质量的要求也越来越高，确保电网坚强、确保供给高质量的电能已成为社会经济发展的最基本保障；在以人为主的社会里对人的尊重早已渗入人们的生活理念，在保证电网安全、用户可靠用电的同时首先是保证人的安全。由于电力供应的质量将直接关系到经济发展的质量，而人作为电力企业的主体，从主观上说电网的安全主要靠人们的安全意识，只有电力人增强了安全意识才能尽可能地减少由人为因素造成的安全事故；在人员增强安全意识的过程中便形成了电力企业的安全文化。

参考文献

[1] 蒋军成．化工安全［M］．北京：机械工业出版社，2008.

[2] 沈斐敏．道路交通安全［M］．北京：机械工业出版社，2007.

[3] 王新泉，武明霞，付宗运．建筑安全技术与管理［M］．北京：机械工业出版社，2023.

[4] 谢振华．金属冶炼安全知识［M］．北京：中国劳动社会保障出版社，2010.

[5] 夏彦．浅谈金属铸造行业的安全生产风险分析［J］．世界有色金属，2022（19）：148-150.

[6] 王月根．金属非金属露天矿山危险源辨识与风险评价［J］．中国资源综合利用，2018，36（9）：187-190.

[7] 全国中级安全工程师资格考试用书编写组．安全生产专业实务——金属与非金属矿山安全技术［M］．北京：中国市场出版社，2020.

[8] 王学广．金属非金属地下矿山安全生产的主要影响因素及应对策略［J］．世界有色金属，2024（8）：217-219.

[9] 张长喜．煤矿安全［M］．北京：煤炭工业出版社，2011.

[10] 赵建明，高云．新能源汽车使用与安全防护［M］．北京：机械工业出版社，2023.

[11] 陈利琼．油气储运安全技术与管理［M］．北京：石油工业出版社，2012.

[12] 彭世尼，黄小美．燃气安全技术［M］．北京：重庆大学出版社，2011.

[13] 杨文学，任红，胡斌．电力安全技术［M］．北京：中国电力出版社，2006.

第 8 章

公共安全

通常而言，公共安全指的是社会和公民个人从事和进行正常的生活、工作、学习、娱乐和交往所需要的稳定的外部环境和秩序。其具体可分为信息安全、食品安全、公共卫生安全、公众出行规律安全、避难者行为安全、人员疏散的场地安全、建筑安全、城市生命线安全、网络安全、恶意和非恶意的人身安全和人员疏散等。

8.1 公共安全事件分类

公共安全事件可分为自然灾害、事故灾难、公共卫生事件、社会安全事件四类。随着时代的进步和科技的飞速发展，我们面临的公共安全挑战也日益复杂多变，从自然灾害的频发到人为事故的防范，从网络安全的威胁到公共卫生事件的应对，每一项都考验着我们的智慧与决心。

8.1.1 自然灾害

自然灾害（natural disasters）是指给人类生存带来危害或损害人类生活环境的自然现象，包括干旱、高温、低温、寒潮、洪涝、山洪、台风、龙卷风、火旋风、冰雹、风雹、霜冻、暴雨、暴雪、冻雨、酸雨、大雾、大风、结冰、霾、雾霾、地震、海啸、滑坡、泥石流、浮尘、扬沙、沙尘暴、雷电、雷暴、球状闪电、火山喷发等。在大气圈、岩石圈、水圈、生物圈共同组成的地球表面环境中，自然变异时刻在发生，当这种变异给人类社会带来危害时，即构成自然灾害。自然灾害给人类的生产和生活带来了不同程度的损害，包括以劳动为媒介的人与自然之间，以及与之相关的人与人之间的关系。灾害都有消极的或破坏的作用。所以说，自然灾害是人与自然矛盾的一种表现形式，具有自然和社会两重属性，是人类过去、当下与将来所面对的最严峻的挑战之一。近些年，发生了多起大型自然灾害事故，例如海地“8・14”7.3级大地震、河南郑州“7・20”特大暴雨灾害事故、山西乡宁“3・15”山体滑坡事故、美国“艾达”飓风灾害等。

8.1.2 事故灾难

事故灾难是具有灾难性后果的事故，是在人们生产、生活过程中发生的，直接由人的生产、生活活动引发的，违反人们意志的、迫使活动暂时或永久停止，并且造成大量的人员伤亡、经济损失或环境污染的意外事件。

以“8・12”天津滨海新区爆炸事故为例，这是一起发生在天津市滨海新区的特别重大安全事故。2015年8月12日22时，位于天津市滨海新区天津港的瑞海公司危险品仓库发生火灾爆炸事故，原因是硝化棉积热自燃，引起相邻集装箱内的硝化棉和其他危险化学品长时间大面积燃烧，导致堆放的硝酸铵等危险化学品发生爆炸。事故共造成165人遇难、8人失踪、798人受伤，304幢建筑物、12428辆商品汽车、7533个集装箱受损，事故已核定的直接经济损失为68.66亿元。

针对事故暴露出的教训与问题，调查组提出的建议是坚持安全第一的方针，切实把安全生产工作摆在更加突出的位置；生产经营单位落实安全生产主体责任，任何企业均不得违法违规变更经营资质；严格安全评价、环境影响评价等中介机构的监管，规范其从业行为，集中开展危险化学品安全专项整治行动，消除各类安全隐患。

8.1.3 公共卫生事件

公共卫生事件是指突然发生，造成或者可能造成社会公众健康严重损害的重大传染病疫情、群体性不明原因疾病、重大食物和职业中毒以及其他严重影响公众健康的事件。主要包括传染病疫情，群体性不明原因疾病，食品安全和职业危害，动物疫情，以及其他严重影响公众健康和生命安全的事件。根据公共卫生事件性质、危害程度、涉及范围，可将其划分为特别重大（Ⅰ级）、重大（Ⅱ级）、较大（Ⅲ级）和一般（Ⅳ级）四级。近些年，发生了多起大型公共卫生事件，例如甲型H1N1流感、脊髓灰质炎疫情、埃博拉疫情、寨卡疫情、新型冠状病毒感染疫情、猴痘疫情等。

8.1.4 社会安全事件

社会安全事件是指突然发生，造成或可能造成重大人员伤亡、财产损失，并对社会稳定和公共安全构成威胁的紧急事件。这些事件可能包括重大刑事案件、重特大火灾、恐怖袭击、涉外突发事件、金融安全事件以及大规模群体性事件等。社会安全事件可以根据其性质和影响分为以下几类：

① 重大刑事案件，包括抢劫、杀人等严重犯罪行为。

② 重特大火灾事件，指造成重大人员伤亡和财产损失的火灾。

③ 恐怖袭击事件，指有组织的暴力行为，旨在制造恐慌和破坏。

④ 涉外突发事件，涉及外国人的安全事故或政治事件。

⑤ 金融安全事件，指金融市场的大规模波动或欺诈行为。

⑥ 大规模群体性事件，由特定群体组织的抗议、示威等活动。

典型社会安全事件以发生在日本的“3・11”大地震事件为例。2011 年 3 月 11 日 14 时 46 分，日本本州岛东海岸发生里氏 9.0 级大地震，并引发海啸灾难、核泄漏、危化品泄漏、火灾、爆炸、滑坡等一系列次生、衍生灾难。地震造成 15534 人死亡，7092 人失踪，建筑完全倒塌 106858 栋，部分塌 110953 栋，造成经济损失约 16 兆 9000 亿日元。强震引发的巨大海啸直接袭击仙台，并波及多国沿海。日本海啸观测报告显示多地海啸浪高接近或超过 10m，高石观测值达 8.5m 以上，相马观测值达 9.3m 以上。东京大学地震研究所测量结果表明海啸淹没高度的纪录为岩手县宫古市的 37.9m。据估算，海啸到达海岸的速度可达 140km/h，冲击力可达 50Vm。据统计，地震造成的死亡人数中 90%以上死于海啸。海啸之后的调查显示，很多人表示没有经历过这么强的地震，对海啸的警惕性也很弱；对于气象厅发布的海啸预警重视不够；虽然知道发生了地震，但没有意识到需要马上到避难所去；有些人知道最近的避难所，但很多避难所后来也被水淹没了；活下来的人大多是在避难所看到了海啸或听到了具体地名的广播等后向更高处疏散的人。

“3・11”大地震还直接导致日本福岛核电站发生爆炸并引发核泄漏事故。调查显示，地震后核电站已自动停机，但机组需要冷却，可是由于地震导致了停电，无法输送冷却水。紧急电源也由于海啸失去了功能，在所有电源丧失的情况下冷却水无法传送。持续高温使水蒸发，压力升高，堆芯水位下降，核燃料棒露出水面。核燃料棒在无法冷却的情况下热量积聚，直至破损，产生放射性物质。同时由于化学反应，水蒸气被分解为氢气和氧气，压力继续升高，为防止安全壳破裂，排出一部分蒸气的同时也排出了放射性物质，并出现了氢气爆炸。一系列的问题导致最终无法控制的严重核泄漏事故。福岛核事故被评定为国际核事故 7 级（最高级）。

8.2 公共安全的"三角形理论模型"

分析事故的整个过程，从事件发生开始，然后造成伤害和损失，最后人为采取应急措施，其中有三个基本的主体，即受灾的对象、灾害本身和应急措施。因此，可以将突发事件、承灾载体、应急管理三者归纳成一个三角形的闭环框架，如图 8-1 所示。对于突发事件，需要了解其孕育、发生、发展到突变的演化规律，还需明晰其附带产生的能量、物质和信息等风险作用的类型、强度及时空特性。对于承灾载体，需要研究其在突发事件发生时自身演化的过程及变化，可能产生的结构性、功能性损坏，要预见其他可能发生的次生、衍生事件。对于应急管理，需要知晓如何施加人为干预，从而预防或减少突发事件的发生，弱化灾害损失。公共安全问题的核心解决方式即增强承灾载体的抵御能力，防止其过度破坏，阻断次生事件的发生，减少损失；避免应急不当可能造成的突发事件的再生。对这个三角形框架进一步解读，可以发现突发事件还存在三个关键因素：物质、能量、信息，它们可以统称为灾害要素。本章重点介绍灾害要素、突发事件、承灾载体、应急管理以及公共安全方法学。

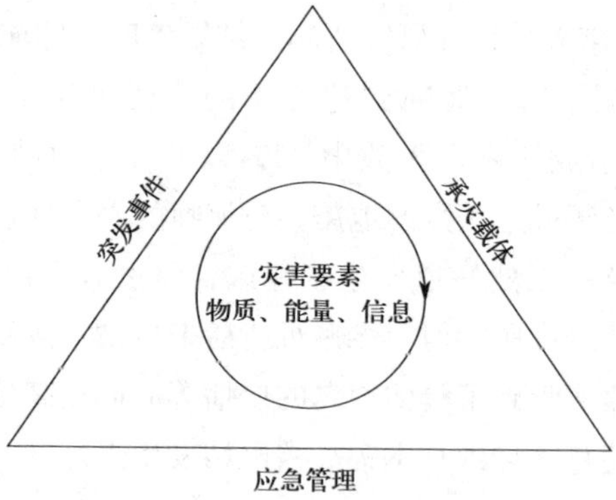

图 8-1　公共安全的"三角形理论模型"

8.2.1 灾害要素

灾害要素是构成突发事件发生的基本条件，突发事件虽然各不相同，但究其根本都可归纳为物质、能量、信息三者的单独或联合作用。而承灾载体本质上也同样是由物质、能量和信息三者组合构成的，所以整个公共安全的三角形理论模型就是围绕着灾害要素来运作的。

（1）物质形式的灾害要素

物质形式的灾害要素主要分为无毒害性物质与有毒害性物质。无毒害性物质必须处在开放系统中才能导致突发事件发生，也就是系统必须与外界进行物质或能量的交换，具体可分为单一物质交换和多种物质交换以及物质间的融合。

① 单一物质交换的系统。单一物质交换的情况下无毒害性物质导致突发事件的常见方式是物质的量超临界。最典型的例子是洪涝灾害，是由于超乎寻常的大量降雨或决堤的洪水使低洼地区大量积水或淹没的现象。若城市排水系统无法迅速消解这些水量，就有可能造成城市内涝，对城市居民的生命财产安全造成威胁。值得注意的是，像洪水这样的灾害要素本身并不具有危害性，因此，在其物质累积的初期往往容易被忽视而导致错过控制其累积发展的最佳时机。此外，物质的量累积超临界致灾的发生有时还和众多的环境因素有关，从量的超临界到发生灾害之间存在过渡区间。

② 多种物质交换及融合的系统。这一系统也是通过超临界的方式导致突发事件的发生，但区别是，既不是其中任何一种物质单独存在的临界值，也不是几种物质临界值的简单叠加，而是与物质间的融合有着复杂的相关关系。一个典型的例子是泥石流，泥石流中由于含有大量的泥沙、石砾等固体物，所以具有突然性、流速快、流量大、物质容量大和破坏力强等特点。因此，泥石流比洪水具有更大的破坏力。泥石流的形成有三大条件，首先需要通过降雨、融雪等方式提供大量水流；其次是需要拥有结构疏松、山体破碎、植被生长不好的地表条件才可使泥沙被流水冲走；最后需要陡峭的地势条件使泥石流急速冲下，造成灾害。可见，水流裹挟泥沙、石砾形成的物质交换与融合系统，是形成泥石流的基本方式。泥石流的形成，与水流情况、地表情况、地形条件等众多因素有关，其导致灾害发生的临界值不是简单的因素叠加，而是多因素耦合的复杂函数关系。

③ 物质-能量共激系统。在开放系统存在与外界能量交换的情况下，物质与能量的共激往往是导致突发事件的根本原因。例如，地震、地壳变动、火山爆发等引发的海啸就是典型的物质-能量共激系统造成的灾害，地质活动释放大量能量，使海水产生大范围剧烈震动，以海浪的形式对沿海地区产生破坏。

有毒害性物质一般可分为 3 类：生物物质、化学物质、核物质。这些物质本应服务于生产生活，若被别有用心人利用，也可能会危害社会。

a. 生物物质。以细菌、病毒、支原体、真菌等为原料制造的可在人与动物之间传染的生物制剂可引起疫病流行，使人、动物、农作物感染或死亡。其可怕之处在于可以小规模、简便生产而不需大型实验室或厂房。往往只需要极小剂量生物毒剂，比如几克，就可以使一场疫情大范围蔓延开来，危害性极大。

b. 化学物质。气体形式的有毒化学物质能造成更大范围的扩散，波及人群也更多，因此常被用于恐怖袭击。危险化学品意外泄漏也是化学物质导致突发事件发生的一种常见形式。相对于生物物质，化学物质的扩散不需要中间媒介，更加迅速同时也更难以控制。但是好在人类对于化学物质的认识更加深入，防范意识也更加强烈，检测预测化学物质泄漏与阻止化学物质蔓延的手段较多。

c. 核物质。宇宙、自然界能产生具有放射性的物质很多，但普遍不具有较大的危害性，恰恰是人工创造的放射性物质能够大范围地造成人员伤亡，带来严重后果，例如核爆炸或核电站泄漏。因此，核物质是一类让人们谈之色变的物质。除此之外还有如 X 射线检查、微波炉之类的人造低危害性放射来源。

有毒害性物质的致灾方式主要分为两种。其一是直接产生灾害作用，其常态存在状态往往已经超出其临界量，通过人为或意外释放作用于生产、运输和储存等环节，通常在很低的剂量下就会对人体造成严重伤害，因此防范的重点是防止意外触发泄漏。其二是以人体为中间载体产生灾害作用，其导致突发事件的方式仍是以量的超临界为主要方式，这里的量指的是人与有毒物质复合体的量，而非单一的有毒物质的量，其造成的后果往往不仅仅停留在事故本身上，而且会带来谣言、社会恐慌等一系列社会问题，因此在应对这类事件时，必须考虑可能存在的物质-能量共激行为和作用。

(2) 能量形式的灾害要素

对于能量的控制和运用，是现代社会的重要特点，也是现代科技的重要表现，例如人类对化学能、风能、水能、核能、太阳能的利用及转换。但是，能量同时也是很多突发事件的主要灾害要素，由能量导致的灾害中比较典型的是地震。人们用地震能量的大小——震级这一指标来评定地震的强度。国际上通常采用里氏震级对地震强度进行评定，里氏规模每增强一级，释放的能量增加约 32 倍。火灾是另一个能量致灾的例子，被人们用以日常加热的火焰一旦脱离了人类的控制，将释放巨大能量，并点燃释放周围物质蕴含的化学能。

作为灾害要素的能量主要有四种表现形式：机械能（包括动能和势能）、热能、化学能、核能。能量形式的灾害要素在致灾时经常伴随着能量的转换，绝大多数自然灾害的能量灾害要素都表现为机械能。例如台风、地震的灾害要素是动能；滑坡、泥石流的灾害要素是势能，但在成灾时表现为势能转化为动能；火灾的灾害要素是化学能转化为热能；爆炸的灾害要素是化学能转化为热能和动能。

（3）信息形式的灾害要素

在现代科学发展中，信息是一个存在争议的概念。有人认为信息是物质的普遍属性，是主体所感知或所表述的事物运动状态和方式的形式化关系。也有人认为信息就像生命、基因等一样，没有统一的实质，是物质之间普遍存在的相互作用和相互联系的因果对应关系的表征。目前普遍认同的观点是信息是对事物及其运动状态和状态变化方式的描述。

信息主要有三个特性：首先，信息不是绝对真实的客观世界的反映，而是接受主体对客观世界的感知，同样的客观世界，不同的主体由于其个体特点和工具手段的不同，所感知到的信息是不同的；其次，信息不是单纯地对客观世界的被动感知，而是结合了主体的主观思想，即使给予完全相同的客观感知，不同经验、能力、知识水平的个体所得到的信息仍然是不同的；最后，主体并不会仅停留在获取信息层面上，而是将客观感知和主观思想结合后，根据其获取的信息对客观世界做出相应的反应。总结来看，信息作用和物质作用、能量作用的最大不同在于信息作用不表现为直接的实体形式，而是通过信息对主体心理的影响再经由主体的行为表现出来。所以，由信息作用导致的突发事件总是和人与人群紧密联系在一起，如社会恐慌、群体性事件等。信息导致突发事件发生的前提是能使人的心理产生紧张、恐慌、焦虑、不安、急躁等负面影响，其也遵循量变引起质变的逻辑，面对少数信息时人们通常不会产生恐慌，一旦信息达到一定的量，就有可能造成群体或社会恐慌。例如，新型冠状病毒感染疫情期间的不明信息给公众心理带来了紧张和不安的情绪，错误信息造成了囤积居奇的现象发生。随着信息技术的飞速发展，网络时代使信息的传播更为便捷、迅速，但同时也使谣言的传播更加方便。网络环境中的信息流及其与现实世界中的信息流的交互作用，往往成为引发突发事件的方式，对于网络舆情的分析，是认识信息类灾害要素演化规律的重要手段之一。

（4）灾害要素的致灾方式

灾害要素作为一种客观存在，是无法也不能被“消灭”的，因此人们要做的是采取各种有效的技术和方法避免或减小灾害要素引发突发事件的概率。这要求人们首先了解并认识灾害要素导致突发事件的方式。

总体上物质形式的灾害要素导致突发事件的方式有两类：一是超临界；二是被非常规触发。无毒害性的物质形式的灾害要素导致突发事件的主要方式是灾害要素本身超临界。有毒害性的物质形式的灾害要素导致突发事件的常见方式是被非常规触发。这并不意味着其不存在超临界的问题，无论多么毒的物质，都有一个“安全剂量”。在“安全剂量”以下的接触，即使物质本身剧毒也不至于造成严重伤害。之所以重点讨论这类物质的高危害性而不讨论其超量问题，原因在于这类物质的所谓“安全剂量”通常都极低。毒害性物质本身通常已经具有一定的“量”，在被触发之前通常被一定的技术手段安全控制，只有再遇到某些触发因素才会导致突发事件。然而触发因素虽然是导致突发事件的直接原因，但通常都不是唯一原因，只是起到了关键的触发作用。有毒害性的物质形式的灾害要素导致突发事件有时也表现为超临界的方式，比如大规模传染病的暴发，通常少数个体染病并不被界定为流行性疫病，但少数被感染的个体如果得不到及时控制就可能使被感染的个体数迅速增加，造成疫病的大规模流行。

能量形式的灾害要素致灾除了其本身超临界外，还有与物质共激致灾的情况。信息形式的灾害要素导致突发事件的方式通常是同时存在超临界与被触发两方面的条件，但信息类灾害要素导致突发事件的方式与物质类和能量类灾害要素有很大不同。首先，信息类灾害要素通常很难找到唯一的临界值，而是存在一个临界区间，在该区间内灾害要素具有某一可能导致突发事件发生的概率，表现出一定的模糊性；其次，信息量累积过程的表现与物质类和能量类灾害要素也有很大不同，信息类灾害要素的累积往往不是缓慢的渐变过程，而是在短期内呈现迅速增加的趋势；最后，信息类灾害要素导致突发事件往往是超临界和触发因素同时存在，极少有单纯由于触发因素导致的信息作用类型的突发事件。对于信息类灾害要素的累积过程，其呈现出的增加迅速的特点与现代的信息交流技术的进步有密切关系。在网络十分发达的今天，几乎任何信息都可能迅速传遍全球，这与物质、能量的累积所必须经历的渐变过程有很大不同，与非灾害要素类的信息量的增长过程也有很大不同。信息类灾害要素的量的增加往往表现为突变曲线。值得注意的是，对于信息类灾害要素，并不是存在信息量突变峰值就代表存在群体性或社会性突发事件。这些信息量的突增仅仅表现出公众对该事件的关注度，是否会导致突发事件还与很多其他因素有关。

此外选用“超临界”这个表述可能造成误解，事实上临界值并不单纯是一个上限，而是上、下限皆存在，若超出这个上、下限的区间，就有可能导致灾害事故。以洪水灾害为例，若灾害要素——水这一物质的量过小，低于下限值，则有可能引发干旱。由此理论，对于信息类灾害要素，由于现代信息技术的发展、信息作用与人的心理行为的密切联系，应同时关注其超临界的可能和触发因素的防控，对超临界的关注应重点关注信息量发生突变的起点而不是其峰值。

(5) 关于临界值/临界区间的思考

在分析灾害要素的临界值/临界区间时，并不能仅仅考虑灾害要素本身，而是必须同时考虑承灾载体的能力。例如洪水，显然水量这一物质形式的灾害要素已经超出了临界值（警戒水位），但是由于在抗洪奋战中大堤抗御洪水量的临界值也在不断增高，因此不一定引发伤亡事故。所以对于灾害要素，其临界值具有双重含义：一方面是灾害要素本身的临界值；另一方面是其作用对象，也即承灾载体对灾害要素作用的承受能力的临界值。应对灾害要素的超量时。必须结合相应的承灾载体。人们可以通过适当的方式和手段提高承灾载体的抗御能力临界值，从而提高抗灾能力。

灾害要素的临界区间可以分为三种形式：有限区间、半无限区间、模糊区间。

① 有限区间。以洪水与干旱为例。灾害要素为水。在一定的条件下，江河中水的量超过临界值就可能发生洪水灾害；而如果水量过小则容易导致干旱，因此其临界区间是有上、下限的有限区间，如图 8-2 所示。其中，横坐标轴为水量，代表物质；纵坐标轴为洪水和干旱灾害的风险。

② 半无限区间。以地震为例。灾害要素为能量。地壳运动达到一定程度，即能量达到临界值的时候，才会发生地震，而小能量的地壳运动则不会引发地震。如图 8-3 所示，横坐标轴为地壳运动的幅度，代表能量；纵坐标轴为地震灾害的风险，表示地震灾害发生的概率和造成的后果。只有在能量达到临界点时，才会有地震灾害的风险。

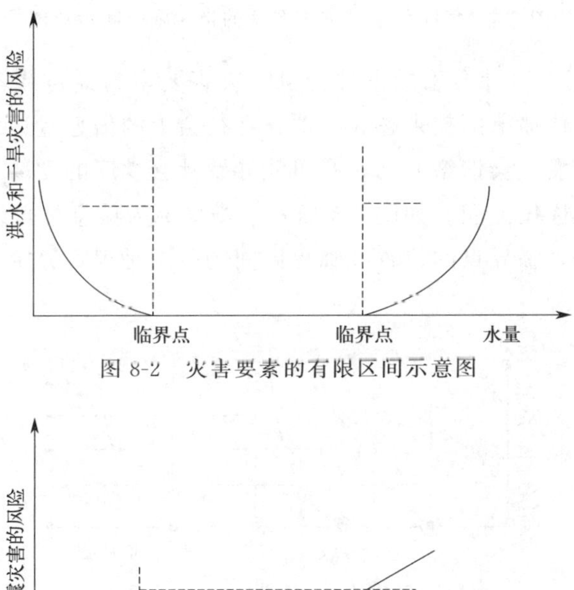

图 8-2　灾害要素的有限区间示意图

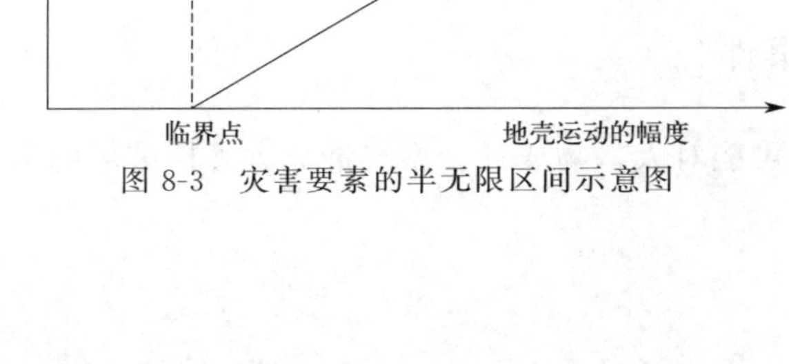

图 8-3　灾害要素的半无限区间示意图

以危险化学品泄漏为例。灾害要素为危险化学品，如被违规装填、过量充装或设施本身有裂纹等损伤，一旦充装量超出其容纳能力，即超出临界值时，就有可能导致危险化学品泄漏事故。如图 8-4 所示，横坐标为危险化学品充装量或罐体损伤程度，纵坐标为危险化学品泄漏的风险。在达到临界点的时候，发生危险化学品泄漏事件，但造成的风险是有极限值的，比如储存的危险化学品数量是有限的。

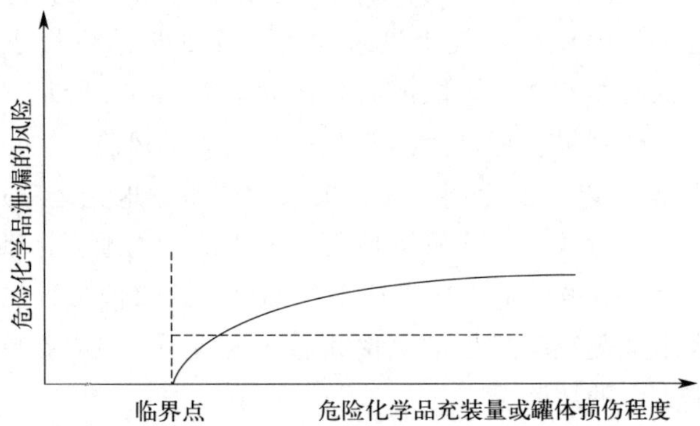

图 8-4　危险化学品灾害要素的半无限区间示意图

③ 模糊区间。以社会恐慌事件为例。灾害要素为谣言或不实消息。随着谣言愈演愈烈，传播范围越来越大，谣言在社会上的信息量达到一定程度，即临界点，则会引发社会情绪冲动，有可能导致社会秩序的动荡。但是临界点很难确定，呈现为模糊区间。如图 8-5 所示，横坐标为信息量，纵坐标为社会恐慌的风险。可见，临界点的位置及临界区间的范围是很难界定的，因此表现为模糊区间。

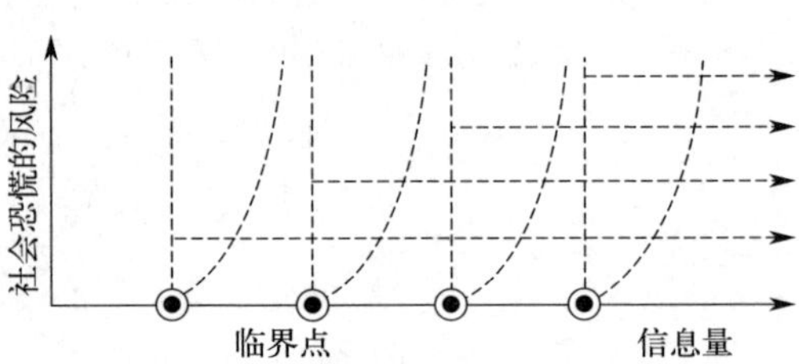

图 8-5　灾害要素的模糊区间示意图

8.2.2　突发事件

突发事件指可能对人、物或社会系统造成灾害性破坏的事件，其通常表现为灾害三要素的灾害性作用。对突发事件的研究重点在于了解其孕育、发生、发展和突变的演化规律，认识突发事件作用的类型、强度和时空分布特性。研究的结果将能为预防突发事件的发生、阻断突发事件多极突变成灾的过程、减弱突发事件作用提供科学支撑，并能为突发事件的监测监控、预测预警，掌握实施应急处置的正确方法和恰当时机提供直接的科学基础。

本章对于突发事件的界定标准有两条：其一是由灾害要素超临界或被触发失控所导致的事件；其二是具有较高强度的破坏性，且其破坏性已经或即将施加在承灾载体上。随着研究的深入，人们发现诸如洪涝和干旱等突发事件是经过长时间的累积才发生的。这类由灾害要素超临界所导致的突发事件，通常其在达到临界值前有一个逐渐累积的过程，其量变往往是缓慢的，而质变往往是瞬间或短期内发生的。因此，对于“突发”的理解，不能简单解释为发生得突然，而应理解为灾害要素突破临界值是在较短时间内发生的。

通常，人们只将发生在人类居住区、对人类和人类的生存环境造成严重破坏的事件才从公共安全的角度给予关注，也就是说承灾载体的存在是界定突发事件的必要条件。对公共安全研究而言，研究不仅仅关注事件本身，还必须考虑承受其破坏性作用的承灾载体的特点和规律，并且将突发事件的破坏作用与承灾载体的抗灾能力进行综合分析，从而为应急管理提供方向和方法的指导。

突发事件往往具有以下特点。

(1) 突发事件本质上是一种“过程”

对突发事件而言，其本身并不是某种实体，而是一种过程，是灾害要素突破临界区间后对承灾载体和环境产生作用的过程。这种过程随事件发展变化，可以定义为一个关于时间、空间及灾害要素类型的函数。对突发事件的研究，大多重点关注其发展规律，不同类型灾害要素所导致的突发事件具有各自不同的时空发展规律公共安全科学研究的目的之一就是尽可能多地掌握其发展规律，从而找到和掌握突发事件的应对方法，降低其可能造成的危害。对于灾害要素的研究，重点在于预防灾害事件的发生；而对于突发事件的研究，重点在于如何有效地阻止其发展、降低其作用程度。

(2) 关键或特殊“状态”

不同类型的突发事件，基于其本身的物理规律的不同具有各自不同的发展规律，在其发展过程中往往存在一些关键或特殊的“状态”，这些状态往往标志着突发事件发展面临重要转折，是突发事件应对过程中应给予重点关注的。

公共安全科学研究的重要目标之一即通过科学的方法寻找和发现突发事件发展过程中的关键状态，分析其特征参数及规律，从而更好地把握突发事件应对的方法和时机。一般的过程，无论是连续过程或是离散过程，其状态的数目通常数量极大，在突发事件的演变过程中，具有重要意义的往往是若干关键或典型的状态。

（3）突发事件与对称性破缺

对称性破缺的发展原理认为，自然界的演化就是一个不断发生对称性破缺的过程；每当自然界到达一个新的里程碑，必然会产生一个基本的物质的或相互作用的、时间的或空间的对称性破缺与之相适应；对称性逐步破缺的过程中能够产生高度有序化、复杂化和组织化的系统。所谓对称，是指在一定变换下的不变性，完全对称的世界不会有任何的秩序和结构，也没有任何特殊方向和特殊点，也是人们俗称的无序；破缺指在一定变换下所表现的可变性或对称性的降低，与之对应的是人们通常所说的有序。倘若经过对称性破缺之后，系统从旧的对称性形成一个新的对称性，是对旧对称性的扬弃，那么该系统是向上发展的。如果经过对称性破缺之后，没有对称程度更高的新对称性产生，那么该系统是向下发展的。自然界与人类社会发展的过程中必然存在着各种各样的分叉和突变，其中的部分，可能在某种条件下成为灾害性的事件，正如基因变异可能产生新的物种，也可能造成严重的畸形。因此，公共安全领域关注的突发事件，有可能是自然社会系统演化过程中发生的一类朝下发展的对称性破缺。

突发事件的基本规律可归纳为：

① 随机性规律。在多数情况下突发事件具有随机过程的特点，即其演化状态服从概率分布的过程。依照过程在不同时刻状态的统计依赖关系，随机过程可以分为独立增量过程、马尔可夫过程、平稳过程等，其中最为著名的是马尔可夫过程。

② 确定性规律。确定性规律是事物本身固有的，可以通过物理、数学、化学等各学科的理论和方法探寻并掌握的事物内在规律。对突发事件确定性规律的研究能够有助于我们了解突发事件发生、发展、演化的过程，是非常重要的研究方法。突发事件的确定性规律涉及的学科领域众多，以力学为例，连续介质力学方法是灾害模拟预测常用的方法之一，如对台风、洪水的预测预报，对火灾、危险化学品泄漏等的演化过程的预测都起到重要的作用。

③ 不可逆性。从系统演化的角度，自然演化过程中有两种相互对应的过

程：可逆过程与不可逆过程。如果系统从某一状态转变到另一状态后，能够再恢复到原来的状态，并且同时使系统的环境也恢复到原状，这样的过程就是可逆过程；反之，若系统及其环境一经变化后，不能恢复，这种过程就是不可逆过程。事实上，突发事件发生的过程都是不可逆。

临界态发展并最终突破临界，形成灾害的演化过程。图 8-6 给出了突发事件孕育发生过程中灾害要素状态的演化过程，图中横坐标代表广义的灾害要素。一般情况下，灾害要素的状态处于平衡态或平衡态附近，即图中亚临界范围之内，一些微小的偏离能够自动返回，不会导致灾害性事件发生。一旦灾害要素的状态远离平衡态，即超出亚临界区域范围，系统就进入了某种自组织过程，在一些外界作用下形成系统状态的涨落，于是灾害要素不再自动回归平衡态而是向着更加远离平衡态的方向发展，直至达到临界点。超出临界点后系统状态形成分叉，有可能存在三种行为模式：第一种是突变式触发模式，即在瞬间形成大的灾难，如地震；第二种是渐变式触发模式，即在短时间内灾害要素迅速发展造成灾难，如流行性传染病的蔓延；第三种可能是在没有触发条件的情况下，灾害要素会停留在临界范围之内直到被触发或者在外界作用下返回。

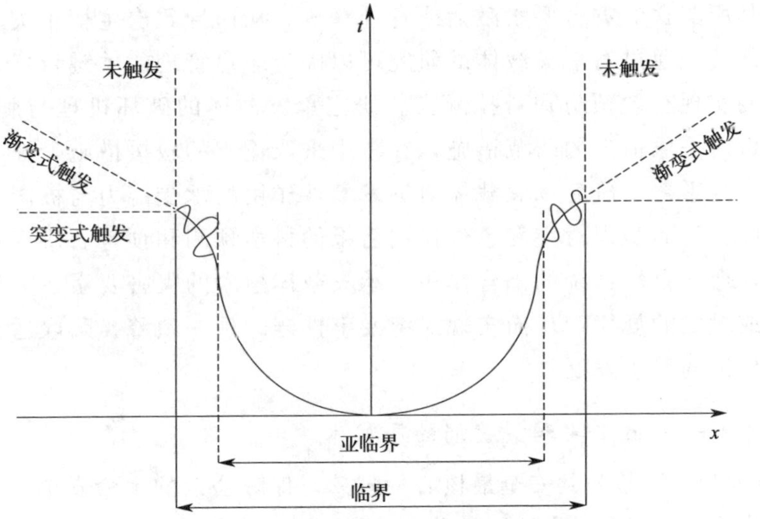

图 8-6　突发事件发生的几种方式示意图

④ 熵增特性。突发事件的孕育过程存在由有序指向无序的时间之矢，系统自发地从有序向无序演化的条件在于系统的无序度增加。熵是表示某些物质系统状态的一种量度，或说明其可能出现的程度（或者说是描述一个孤立系统中物质的无序程度）。在突发事件的孕育发生、发展演化以及应急处置的过程

中，人类的行为都有可能给系统输入负熵。在突发事件的孕育过程中，系统存在由平衡态向非平衡态发展的趋势，在这一过程中，人类的某些不当行为很可能会对系统形成熵增，加速突发事件的发生。在突发事件发生后，承灾载体系统受到极大的破坏，系统的有序度极大降低，科学合理的应急管理行动也会以负熵的方式增加系统的有序度，实现快速的灾后恢复。公共安全科技研究的重要目的之一就是减少不当的人类行动对突发事件孕育系统的熵增，减少和降低突发事件的发生和作用程度；增加科学的应急行动对承灾载体系统的负熵、灾后恢复等更为有效。

8.2.3 承灾载体

承灾载体是突发事件的作用对象，一般包括人、物、系统（人与物及其功能共同组成的社会经济运行系统）三方面。承灾载体是人类社会与自然环境和谐发展的功能载体，是突发事件应急的保护对象。

承灾载体在突发事件作用下所受的破坏表现为本体破坏和功能破坏两种形式。两种形式通常会同时出现，但二者的机理不同。承灾载体的破坏有可能导致其所蕴含的灾害要素激活或意外释放，从而导致次生衍生灾害，形成突发事件链。通过对承灾载体的研究可以确定应急管理的关键目标，加强防护，从而实现有效预防和科技减灾。研究承灾载体的破坏机理与脆弱性等，从而在事前采取适当的防范措施，在事中采取适当的救援措施，在事后实施合理的恢复重建。研究承灾载体对突发事件作用的承受能力与极限、损毁形式和程度，从而实现对突发事件作用后果的科学预测和预警。研究承灾载体损毁与社会、自然系统的耦合作用，承灾载体蕴含的灾害要素在突发事件下被激活或触发的规律，从而实现对突发事件链的预测预警，采取适当的方法阻断事件链的发生发展。

(1) 人——最重要和最脆弱的承载体

“以人为本”是公共安全最核心的理念，保障公众的生命安全无疑是公共安全保障的第一使命，在面临各种灾难事故时，人的生命就显得十分脆弱。对于人作为承灾载体的突发事件，如果按照突发事件的作用范围，人所受的伤害可以分为个体伤害、群体伤害等；如果按照伤害来源的类型来分类，可以分为物理伤害、核生化伤害、心理影响等。

① 物理伤害。物理伤害是突发事件对人类造成危害的最普遍方式，小到日常磕碰，大到建筑物垮塌，都能够造成人类本体的破坏，因此人类根据人体

肌肉骨骼强度设计出安全气囊、安全帽等保护措施，以延长受力时间而减小加速度或增大受力面积来减小压强，达到保障人体安全的目的。

温度过高、过低也能引起人体的损伤。局部冻伤和全身冻伤（冻僵）大多发生于意外事件或战时，如在野外遇到暴风雪，陷入冰雪中或工作时不慎受制冷剂（液氮、固体二氧化碳等）冻伤。高温对人体的伤害可以分为烫伤和烧伤两种。烫伤主要由高温的液体、固体或者高温蒸汽所致。而烧伤一般由火焰引起人体的本体破坏和功能性破坏，75℃以上的高温可能导致二度烫伤，90℃以上的高温可能导致三度烫伤。

高压电击、雷击等也会对人体造成电烧伤损害。过高的电压瞬间便能致人死亡，而对于人体的安全电压仅仅为 36V，因此若通过降低供电设施的电压达到安全的目的显然是不现实的。现有的安全措施主要是通过切断电源来缩短电击时间，达到减少损伤的目的。

烟气、掩埋、溺水等会造成人体的窒息，一般人只要窒息超过 5min 就会有生命危险。另外，长时间缺乏食物、饮水，长时间不眠不休都会对人体造成物理性损伤甚至危及生命。

② 核生化伤害。通常，人类最多能承受 7Sv（希沃特）的辐射。国际放射防护委员会指出，身体每接受 1Sv 的辐射，致癌率会提高 1.65%。一般来说，2Sv 左右的辐射剂量就会导致早逝，6Sv 则有可能马上致人死亡。缩短照射时间、增加射线源与人体之间的距离、在人体与辐射源之间设置屏蔽都可以有效降低辐射对人体的伤害。

有毒有害化学品或生物也会危及人的生命，煤气中毒是日常生活中较普遍的突发事件。研究有毒有害化学品尤其是人类日常生活中常见的化学品及生物质的作用机制、人体承受极限、急救方法等是公共安全领域的重要课题。

③ 心理影响。物理、化学、生物以及核辐射对于人体的伤害是客观存在的，而且人类经过长时间的研究已经掌握了其中绝大部分的规律。相比较之下，突发事件对人心理的影响看不见摸不着，但却又是真实存在的。在突发事件下，公众心理状态直接影响社会的稳定，而公众的心理状态在很大程度上与其获取的关于突发事件的信息有关，人们往往根据事件发生的频率、后果的严重性等客观指标做出判断。当突发事件发生的次数越多、后果越严重时，个体所感到的风险就越大。

在突发事件发生时，公众一般的心理特点就是容易出现警戒、从众、过度防范、焦虑等现象，并且在不同阶段表现出不同的反应，如事件之初的恐慌、事件发生过程中的盲从、事后的悲观痛苦等现象。导致这些现象出现的原因很多，客观上主要是事件发生的时间、地点、成因及破坏程度等，主观上主要是公众对突发事件的认知状况及突发事件与公众自身利益的相关程度等。其中，公众的认知状况又会因直觉、想象、信息获得量、以往经验等原因而异。如果突发事件发生时，政府能够保持信息发布渠道的畅通，通过媒体及时发布权威信息，在发布内容上增加公众对突发事件不确定因素的认知，如事件发展趋势、政府如何应对、个人应有什么举措等，并且在事件发展的不同阶段发布不同的信息内容，就能够在很大程度上控制公众的过度紧张和恐惧，减少心理认知偏差，减轻过度反应，最大限度地减少谣言的产生，引导公众更理性地看待事件，达到消除整个社会恐慌的目的。

(2) 物——社会的基本载体

人类时时刻刻都被各种各样的物包围着，灾害是普遍存在的，所以将所有的物都当作潜在的承灾载体来进行研究显然不现实，公共安全学者主要研究的承灾载体往往具有以下两个特点：

① 以损害人类的生命或财产安全为前提；

② 伤害和损失需要具有一定规模。

城市建筑物主要承受的灾害有洪灾、火灾、震灾、风灾，对于不同的灾害源和不同类型的建筑物，发生灾害时建筑物的特点是不同的，因此在设计施工时应该考虑以下荷载：

① 结构自重。结构自重是由地球引力产生的组成结构的材料重力，对于道路工程，特别是高速公路，应特别重视路堤的重力效应。

② 雪荷载。雪荷载是房屋屋顶的主要荷载之一，在我国寒冷地区及其他大雪地区，因雪荷载导致屋顶结构以及整个结构破坏的事例时有发生。大跨度结构对雪荷载更为敏感，在有雪地区，在结构安全中必须考虑雪荷载。一般常将单位面积地面上积雪的自重，即雪压应用于工程实际。

③ 车辆荷载。公路桥与铁路桥的车辆荷载主要来自汽车与列车，在世界范围内，车辆荷载标准有两种形式：车列荷载与车道荷载，车列荷载考虑车的尺寸及车的排列方式，以集中荷载的形式作用于车轴位置，车道荷载则不考虑车的尺寸及车的排列方式，将车辆荷载等效为均匀荷载和一个可作用于任意位置的集中荷载形式。

④ 楼面活荷载。楼面活荷载指房屋中生活或工作的人群、家具、用品、设施等产生的重力荷载，这些荷载的量值随时间而变化，且位置也是可移动的，因此国际上用“活荷载”这一名词表示。考虑到楼面活荷载可能出现在楼面的任意位置，一般将其处理为楼面均布荷载。均布荷载的大小与建筑物的功能有关，如公共建筑的均布活荷载值一般比住宅、办公楼的均布活荷载值大。

⑤ 人群荷载。在公路桥梁安全设计中需考虑人群荷载对结构的作用，在有人行道的桥梁上，人群荷载与汽车荷载同时考虑。

⑥ 风荷载。风是由于空气流动而形成的。空气流动的原因是地表各点大气压力（简称气压）不同，存在压力差或压力梯度，空气会从气压大的地方向气压小的地方流动。气流如遇到结构物的阻挡，会形成压力气幕，即风压，一般风速越大，风对结构产生的压力也越大。

（3）社会经济运行系统

社会经济运行系统是承灾载体的重要类型。在突发事件导致的承灾载体破坏中，对社会经济系统的破坏所造成的后果往往比单纯的人或物的破坏更加严重。这不仅表现在社会经济运行系统的破坏极易导致人和物的伤害与破坏，更表现在社会经济运行系统的破坏往往会造成长期的影响，恢复的难度更大。

（4）事件链原理

承灾载体被破坏后其自身蕴含的灾害要素可能被意外释放，从而导致突发事件的次生、衍生。地震火灾是典型的承灾载体破坏导致次生灾害的例子。据统计，地震后发生最多的次生灾害就是火灾，其原因是地震的强大破坏力经常导致燃气管网、各种危险化学品储罐的破坏等，这些灾害要素遇到明火等触发条件就会引发火灾。

进一步深入分析可以发现，承灾载体破坏导致其蕴含的灾害要素的释放是产生次生事件的必要条件，也是形成事件链的基本原理。可以发现阻断事件链的几个关键节点：

① 加强承灾载体防护。实现生产设备运行的实时监测，早期发现事故征兆，妥善处理，避免事故发生。

② 加强承灾载体防护。

③ 阻断触发因素。采取应对措施，及时辟谣，避免公众恐慌。

8.3　公共安全的研究方法

公共安全科学是以突发事件、承灾载体和应急管理为研究对象的一门交叉学科，主要研究其共性的科学问题，其核心是研究灾害要素的演化行为与规律，作为公共安全科学的研究对象，突发事件、承灾载体和应急管理遵循的规律有着不同于一般技术科学的特点，它既不具有完全的确定性，也不具有完全的随机性，而是兼有确定性和随机性的双重特性。只有既研究它的确定性，又研究它的随机性，进而研究两者的综合，才能完整地认识其规律，建立反映这种客观规律的公共安全科学。

公共安全科学中综合风险评估的研究方法是典型的体现公共安全科学双重性规律的方法，综合风险评估关注危害及其发生的概率。其中，主要利用随机性研究方法研究风险发生的随机性规律，即基于统计原理获得突发事件发生的可能性或概率；主要利用确定性研究方法、基于信息的研究方法、系统科学的研究方法以及复合研究方法等研究风险作用的确定性规律。

本章将以公共安全科学特有的研究方法分类——确定性研究方法、随机性研究方法以及复合研究方法。

8.3.1 确定性研究方法

确定性研究方法分为实验模拟、理论分析和数值模拟三种。

(1) 实验模拟研究方法

实验既是发展理论的依据又是检验理论的准绳，解决公共安全科学问题往往离不开实验手段的配合。在探讨公共安全科学的内在机理和物理本质方面，根据不同问题发展公共安全科学理论解决各种公共安全工程实际问题，都必须以科学实验为基础。

一般实验研究方法可分为现场实测（观察）研究方法和实验模拟研究方法。现场实测研究方法一般需要较多的人力、物力，工作量大、耗费时间长。同时，公共安全科学中实际突发事件的发生很难事先预测，进而事先布置好测量仪器等，因此很难做到现场实测。实验模拟研究方法是实验研究方法的重要手段，一般在实验室中进行，分为小尺寸实验模拟和全尺寸实验模拟，两种研究方法都涉及相似理论，以下介绍相似理论。

相似是指两种或两种以上自然现象在外在表象及内在规律方面的一致性，根据实际原型仿照的模拟实验的模型，通常都采用缩小的比例尺寸或在某些情况下用放大的比例来制作模型，绝大部分的实验模拟都采用小尺寸实验模拟，小尺寸实验模拟需要解决一些问题：怎样使小尺寸模型与实际原型相似？怎样使小尺寸模型中所发生的情况如实地反映实际中发生的现象？解决这些问题就需要依赖相似理论，主要有以下几条：

① 量纲分析法。量纲是表征各类物理量类别的标志，如密度、速度、时

间和力等。量纲包括基本量纲和导出量纲，其中基本量纲具有独立性，例如，传热学中，将长度、时间、质量、温度作为基本量纲。由于各个物理量都是互相联系的，因此可以将其他物理量从这几个基本量纲中推导出来形成导出量纲。量纲和谐原理是指凡正确反映客观规律的物理方程，其各项的量纲都必须是一致的，只有量纲相同的物理量才能够相加减。

② 相似原理。所谓小尺寸模拟实验就是按照相似原理，将需要进行实验的实际研究区域制作成相似的小尺寸的模型。根据小尺寸模拟实验结果，推测原型可能发生的现象。在实验中首先需要遵循几何相似，必须将原型的尺寸，包括长度、宽度和高度等都按一定比例缩小做成小尺寸模型；其次需要做到运动相似，要求小尺寸模型中与实际原型中所有对应的运动情况相似；然后需做到动力相似，要求小尺寸模型中与实际原型中有关作用力相似；最后需保证初始条件和边界条件相似，它是保证两个系统相似的充分条件。

在相似的条件下进行实验，应该测量无量纲表达式中所包含的所有物理量，实验结果应整理成相似特征数和其他无量纲量来表示的函数关系式或绘制成曲线，实验结果只能应用于相似现象之间。

(2) 理论分析研究方法

在研究科学问题（包括公共安全科学问题）时，经常根据科学规律，建立反映这种规律的动力学模型（即系统的状态随时间演化过程的模型）和方程，并通过求解该方程，揭示其规律。如果通过已有方法，对某个科学问题在其解决域上，进行变换演绎得到解，这种方法一般称为理论分析研究方法。确定性研究方法中的理论分析研究方法即是确定性动力学模型和方法，一般包括差分方程（主要研究离散时间演化动力学）、常微分方程（连续时间演化动力学）、偏微分方程（时空演化动力学）以及应急决策所需的数学方法，如线性规划方法和博弈论等。

公共安全科学的理论分析研究方法与其他科学一样，其基础是高等数学、数学物理方法以及决策科学所需的数学方法等。本章介绍差分方程、微分方程和数学物理方程。

① 差分方程。其主要研究离散时间演化动力学，是含有未知函数及其导数的方程，满足该方程的函数称为差分方程的解。对于一阶差分方程来说，它含有一个任意常数的解，称为此微分方程的通解。一般来说，对于 n 阶差分方程，其含有 n 个互相独立的任意常数的解称为差分方程的通解，不含有任意常数的解称为差分方程的特解。

② 微分方程。微分方程是包含自变量、未知函数及其导数的方程，根据未知函数是一元或多元函数，分为常微分方程和偏微分方程。微分方程的“阶”取决于其中未知函数的最高阶导数。满足方程的函数称为其“解”：包含个数与方程阶数相同的独立任意常数的解称为“通解”，而不含任意常数的解称为“特解”。用于确定通解中任意常数的特定条件称为“初始条件”。

③ 数学物理方程。一般指其他各门自然科学、技术科学中所产生的偏微分方程，有时也包括与此相关的积分方程、微分积分方程和常微分方程。对于数学物理方程，需要讨论各种典型问题的解，通过与实验或观测结果比较，来检验相关的物理理论，从而加深人们对于有关自然规律的认识，甚至预言新的现象。其中包括波动方程、热传导方程、稳定问题、边界条件与初始条件。

为说明公共安全科学中的理论分析研究方法，以基于博弈理论的蓄意致灾突发事件的动态资源配置的研究为例，在蓄意致灾突发事件中，蓄意致灾者主动选择攻击目标，与应急决策者的策略相互影响；双方决策时往往面临不确定因素，拥有的信息条件是不对称的并且不断变化；多个目标可能面临同时或连环被攻击的风险。因此需要进行蓄意致灾突发事件的动态资源配置的研究。

为了研究不对称信息的多次对抗下的策略优化问题，需要建立基于随机博弈的多阶段策略优化模型。随机博弈的基本形式一般包括：博弈参与人集合 N、状态集 S、联合行动集 A。其中每一个行动集对应一个博弈参与人，状态转移函数 T 和收益函数 U 在博弈的每一阶段，博弈参与人分别选择行动，博弈下一阶段的状态受到当前阶段的状态和博弈参与人在该阶段选择的行动组合的影响。博弈参与人在博弈每一阶段获得的收益与博弈当前阶段的状态以及所有博弈参与人的行动有关。多阶段策略优化模型中，蓄意致灾者和应急决策者在不对称信息下的多次对抗过程由多个离散时间的博弈阶段组成。多承灾载体构成了博弈参与人决策的环境，蓄意致灾者决定在承灾载体上的攻击策略，应急决策者决定在承灾载体上的防御资源配置和相关信息策略，在每一博弈阶段双方行动并获得收益，该收益取决于双方的行动选择和当前博弈阶段的状态。双方行动后博弈过程根据状态转移函数转移到下一阶段，并在新的阶段重复双方的行动选择过程。博弈参与人以己方收益最大化为决策目标，双方的收益通过各阶段的平均值计算。蓄意致灾者的收益定义为蓄意致灾突发事件造成的损失，而应急决策者的决策目标是该损失最小化。博弈参与人拥有的信息具有不对称性，随着博弈不断进行，双方逐渐更新对对方未知信息的判断并相应调整策略。

多阶段策略优化模型模型应用了大量决策科学所需的数学方法，可以在考虑不同决策环境下以最优收益来评判防御策略，并能分析出各种防御策略的优缺点，可见理论分析研究方法在公共安全科学中的重要性。

（3）数值模拟研究方法

在求解公共安全科学问题的动力学模型或方程时，由于太复杂，经常无法获取解析解，这时经常采用数值模拟研究方法，以获取数值解，类似于洪水演进、泥石流堆积、火灾蔓延等流体力学和燃烧学问题，经常采用计算流体力学方法。

数值模拟一般首先建立反映工程问题或物理问题本质的数学模型，并寻求高效率、高准确度的计算方法，其次编制程序并进行计算，最后显示计算结果。数学模型一般包括反映问题各物理量之间关系的微分方程及相应的定解条件，在计算方法中，比较广泛应用的是有限差分法、有限元法和有限体积法等。

相对于实验模拟研究方法，数值模拟研究方法有其独特的优点：数值模拟可以大幅度减少完成新设计所需的时间和成本；能研究难以进行或不可能进行受控实验的系统；能超出通常的行为极限，研究危险条件下的系统；比实验研究更自由、更灵活；可以无限量地提供研究结果的细节，便于优化设计；具有很好的可重复性，条件容易控制。相对于理论分析研究方法，数值模拟研究方法对解决一些无法获得解析解的问题有优点，可以获得这些问题的近似规律。当然数值模拟研究方法也有很多局限性，如数值模拟要有准确的数学模型；数值实验不能代替实验模拟或理论分析，因为数值模拟在网格尺度趋近于 0 才能接近原方程的精确解，而这种极限是无法达到的；涉及计算方法的稳定性和收敛性问题；受到计算机计算能力的限制。

以研究危险化学品泄漏常用的 ALOHA 软件和三维流体力学模型为例，ALOHA 软件可以获得关于道路、工厂、学校、应急响应机构以及其他对于应急响应有用的信息，并预测由于危险化学品泄漏受到影响的区域，还可以预测由于危险化学品泄漏造成的主要影响，如毒性、可燃性、热辐射性以及由于爆炸形成的冲击波，模拟危险化学品泄漏造成的毒气泄漏、火灾及爆炸事故。因此，ALOHA 软件广泛应用于许多国家的政府部门和企业。

然而，ALOHA 无法考虑地形的影响。对于复杂地形和城市复杂建筑环境中，危险化学品泄漏过程的数值模拟方面仍然存在许多困难，因此可以采取一种基于GIS地形和建筑数据的三维流体力学模型。它可以实现复杂地形等高线数据以及建筑多边形数据的转换、处理，其采用块的方式描述地表下的不连续区域，程序自动生成可描述复杂地面形状的结构化网格系统，并利用大涡模拟方法对危险化学品泄漏的过程进行流体力学数值模拟。

8.3.2 随机性研究方法

公共安全科学具有双重性规律：确定性和随机性规律。随机性研究方法是公共安全科学研究方法的一类重要方法，主要是用统计方法来研究公共安全科学的随机性规律。随机性研究方法的基础理论是数学中的概率论，其研究手段则是数理统计方法。

随机性研究方法中最为基础的是随机变量和统计量及其分布，如泥石流流域面积与频率的关系函数、森林火灾面积与发生次数的关系函数、建筑火灾中火源周边可燃物所接收到的能流密度函数、单室情况下人员疏散准备时间函数等。因此首先阐述公共安全科学中的随机变量及其分布和统计量及其分布，然后考虑统计数据的时间和空间信息。

(1) 随机性研究方法基础

随机变量是随着实验结果（即样本点）的不同而变化的变量。如果对于每一个样本点，都有唯一确定的实数与之对应，则称其是一个随机变量，随机变量分为离散型变量和连续型变量。如果一个随机变量的全部可能取值只有有限多个或可列无穷多个，则称其是离散型随机变量。常见的离散型随机变量包括：两点分布、二项分布、超几何分布、泊松分布。常见的连续型随机变量有均匀分布、指数分布、正态分布。

关于统计量及其分布方面，人们把研究对象的全体称为总体，而把组成总体的每个基本单元称为个体（或样品）。总体是一个带有确定概率分布的随机变量，为了对总体的分布规律进行各种所需的研究，就必须对总体进行抽样观察，再根据抽样观察所得到的结果来推断总体的性质。这种从总体中抽取若干个体来观察某种数量指标的取值过程，称为抽样（又称取样或采样）。较为常用的统计量有样本均值、样本方差、样本标准差、样本 k 阶矩、样本 k 阶中心矩等，来自正态总体的常用统计量分布有卡方分布、t 分布、F 分布等。

(2) 时间序列分析方法

公共安全科学的随机性规律中包含大量时间序列的统计分析，如通过长期的降雨量时间序列分析可预测下一年度暴雨灾害的可能性，通过传染病案例数的时间序列分析可探索传染病暴发的可能性和程度等，因此时间序列分析方法是探索公共安全科学中随机性规律的一类重要研究方法。按照时间的顺序把随机事件变化发展的过程记录下来就构成了一个时间序列。对时间序列进行观察和研究，找寻其变化发展的规律，预测其将来的走势就是时间序列分析。对于时间序列分析来说，有两类序列。一类是随机序列，按时间顺序排列的一组随机变量；另一类是观察值序列，随机序列的 n 个有序观察值，称为序列长度为 n 的观察值序列，人们所能得到的是观察值序列，其是随机序列的一个实现。时间序列分析方法即是通过观察值序列的性质进行推断，以揭示随机序列的性质。

时间序列分析方法有很多，如趋势外推法、移动平均法、指数平滑法、ARMA 模型法、马尔可夫预测法、灰色系统模型法等。对于公共安全科学，应用较多的是 ARMA 模型法、马尔可夫预测法、灰色系统模型法。

① ARMA 模型法。ARIMA 模型由三个模型组成，分别称为 AR（自回归）模型、MA（移动平均）模型以及 ARMA（自回归移动平均）模型。一般来说，ARIMA 模型的运算分成四个步骤，分别是平稳性检验、模型识别、参数估计和模型优化。平稳性检验可将任意离散平稳过程分解为两个不相关的平稳序列之和，其中一个是随机性的，另一个是确定性的。对于随机性序列，可以通过 ARIMA 模型将其中的有用信息提取出来。而对于确定性的因素，可以采用一些简单的方法进行处理。平稳性检验采用的方法很多，常用的有游程检验法等。模型识别是 ARIMA 模型计算过程中的关键步骤，一般的模型识别工具是自相关函数和偏自相关函数，对于不同的模型，其自相关函数和偏自相关函数表现为不同的形式。因此，对给定的样本数据，只要获得自相关函数和偏自相关函数的表现形式就可以判断出模型的类别。用于参数估计的算法一般多采用极大似然估计法或最小二乘估计法。模型优化主要是检验模型参数的显著性与拟合残差的随机性。检验参数的显著性是通过假设检验来证明参数是否显著为零。若参数显著为零，则表明该参数对模型没有贡献，因此须将该参数舍弃，重新进行参数估计直到所有参数均显著为止；若模型拟合后与原序列的残差具有较强的随机性，表明模型已充分提取了原序列中的信息，否则说明原序列中还有信息尚未被模型提取出来，模型不是最优的，这时需考虑重新建立模型。

例如，司娴等运用自回归移动平均模型（auto-regressive moving average model，ARMA），以中国疾病预防控制信息系统提供的 2012 年 1 月至 2023

年 9 月南通市通州区梅毒发病率作为原始资料，建立时间序列，对资料进行分析。研究发现，该地区 2023 年梅毒发病率预计为 27.8708/10 万，发病率将在 2023 年 1～12 月呈现上升趋势，可能会对公共卫生和社会稳定产生一定影响，这一预测结果可为相关部门提供重要参考，以便后期采取相应措施加强梅毒的预防和控制工作。

② 马尔可夫预测法。马尔可夫预测法是应用随机过程中马尔可夫链的理论和方法分析时间序列并进行预测的一种研究方法。所谓马尔可夫链，就是一种随机时间序列，它在将来取什么值只与它现在的取值有关，而与它过去取什么值的历史情况无关，即无后效性。具备这种性质的离散型随机过程，称为马尔可夫链。马尔可夫预测法的最简单类型是预测下一期最可能出现的状态，其步骤为首先预测对象（系统）所出现的状态，从预测目的出发，并考虑决策者需要适当划分系统所处的对象；其次是在实际问题中，将分析历史资料所得的状态概率作为初始概率；然后是计算状态转移概率，分别计算状态的转移频率与下一步转移的状态个数；最后是根据转移状态进行预测，描述目前状态在未来转向另一状态的可能性，按最大原则选结果概率中的最大值作为预测结果。

例如，王华友等发展了“回归＋马尔可夫”组合模型来进行民用航空事故征候数的预测，其中回归模型用于发展趋势项的预测，马尔可夫模型用于随机干扰项的预测。研究发现，在飞行架次数、飞行小时数、年份及人均 GDP 这 4 个因素中，对于民用航空事故征候数影响最大的是飞行架次数，飞行小时数次之，年份及人均 GDP 影响相对较小。因此，在进行民用航空飞机事故征候数预测时，可优先考虑飞行架次数这一因素。应用“回归＋马尔可夫”组合模型可对民用航空事故征候数序列进行较为准确的短期预测，在此基础上可以开展事故征候识别分析，指导采取合适的维修性措施来最大化地减小飞机事故征候数。

③ 灰色系统模型法。灰色系统模型法对应于时间序列分析，是利用灰色系统理论就灰色系统所做的预测。灰色系统理论认为，尽管系统表象复杂，数据散乱，信息不充分，但作为系统，它必然有整体功能和内在规律，必然是有序的。该理论把随机量看作在一定范围内变化的灰色量，对灰色量的处理不是寻求它的统计规律和概率分布，而是对原始数据加以处理，将杂乱无章的原始数据变为规律性较强的生成数据，通过对生成数据建立动态模型，来挖掘系统内部信息并充分利用信息进行分析预测。灰色系统理论把一切随机过程看作在一定范围内变化的、与时间有关的灰色过程，将离散的原始数据整理成具有规律性的生成数列，然后再进行研究。目前，灰色系统理论常用模型是 GM

(m, n) 模型。该模型是灰色系统理论的量化体现，可用于数列、区间、灾变、波形、系统等方面的预测，其中应用最为广泛和简单的是 GM (1,1) 模型。它具有所需数据少、计算量小的优点，该模型为 1 阶、1 个变量的灰色模型，它是在数据生成的基础上建立灰微分方程。

灰色模型是将随机数经生成后变为有序的生成数据，然后建立微分方程，寻找生成数据的规律，再将运算结果还原的一种方法，其基础是数据的生成。常用的生成方式有累加生成和累减生成。

例如，姜雪锦等以 2008～2016 年我国医院感染患病率数据进行灰色 GM (1,1) 模型构建，以 2018～2020 年数据进行模型验证，采用构建的灰色 GM (1,1) 模型对 2022～2024 年我国医院感染患病率进行预测。研究发现，我国医院感染患病率呈下降趋势。随着医院规模的增大，医院感染患病率升高，医院感染患病率灰色 GM (1,1) 模型的精度良好、拟合效果较高。

(3) 空间统计分析方法

一般来说，公共安全科学中的突发事件经常有空间分布。例如，地震的空间分布受地质构造影响，具有明显的成带性，环太平洋地震带是地震最活跃的地带，全球 80%的地震和释放的 75%的地震能量就集中在这个地震带。

公共安全科学的空间统计分析方法即是研究突发事件的多发区域、承灾载体的脆弱范围和应急管理的薄弱环节等，以保障生命和财产免受突发事件的侵袭，减少损失。公共安全科学所涉及的空间因素很多，因此空间统计分析方法主要探索各种空间因素的综合影响。

空间统计分析方法很多，如主成分分析方法、层次分析方法、空间聚类分析方法、判别分析方法、多元回归预测方法等，对于公共安全科学，应用较多的是多元回归预测方法、空间聚类分析方法等。

公共安全科学所涉及的空间因素有的是可以量化的，有的无法进行量化而采取定性的方式进行表达。多元回归预测方法，以二态变量的多元统计方法为例，其自变量与因变量为二态变量 (0 或 1)，是根据最小二乘法原理建立多变量的回归预测方程。

空间聚类是根据相似性对空间数据对象进行分组，发现空间数据的分布特征，使得每一个聚类中的数据有非常高的相似性，而不同聚类中的数据尽可能不同。空间聚类分析方法有很多，一般分为下列五类：划分方法、层次的方法、基于密度的方法、基于网格的方法、基于模型的方法。典型的划分方法包括 K-means 算法、K-medoids 算法和 CLARANS 算法等。以 K-means 算法为例，其以 k 为参数，把 n 个对象分为 k 个聚类，以使聚类内具有较高的相似度，而聚类间的相似度较低。相似度的计算根据一个聚类的平均值（被看作聚类的中心）来进行。层次的方法对给定数据对象集合进行层次的分解，它分为凝聚层次聚类与分裂层次聚类。基于密度的方法的主要思想是只要邻近区域的密度（对象的数目）超过某个阈值，就继续聚类，代表性算法有 DBSCAN 算法、OVEICS 算法、GDBSCAN 算法、DBRS 算法和 DENCLUE 算法等。基于网格的方法是采用一个多分辨率的网格数据结构将空间分成有限数目的单元，聚类操作在单元内进行，这种方法处理的时间独立于对象的数目，处理速度快，著名的有 STING 算法、WaveCluster 算法和 CLIQUE 算法等。基于模型的方法为每个聚类假设一个数学模型，试图为数据查找合适的数学模型，主要有统计的方法（如 AutoClass 等）与神经网络方法（如竞争学习法等）两类。

以刑事案件为例，犯罪案件并不是均匀分布在各个时间阶段或均匀散布在城市的每个角落，而是在时间及空间上呈现着聚集状态。具有高发案率且彼此分离的区域称为犯罪热点地区，简称犯罪热点。掌握刑事犯罪案件的时空分布规律，对有效打击犯罪、提高民众对社会安全信赖程度起着非常重要的作用，这些研究结果都会给社会安全事件的防范提供重要参考。

8.3.3 复合型研究方法

由于公共安全科学高度复杂，即使研究某一个具体问题，也可能会用到确定性与随机性这两种研究方法相互嵌入形成的综合性方法，这里称为复合研究方法。

风险评估方法是典型的确定性与随机性结合的研究方法。该方法通过运用科学的方法，对所掌握的统计资料、风险信息及风险的性质进行系统分析和研究，进而确定各项风险的频度（发生的可能性）和强度（后果严重程度），为选择适当的风险处理方法提供依据。风险评估一般包含评估风险的概率与评估风险的强度两个方面。评估风险的概率往往通过资料积累和观察，发现造成突发事件的规律，由于突发事件的发生往往是随机的，因此经常采用的是随机性研究方法。评估风险的强度需要假设风险发生，评估其可能导致的直接损失和间接损失，突发事件造成承灾载体的破坏程度，以及应急管理对于降低其破坏强度的确定性规律和随机性规律。因此，评估风险的强度有的是利用确定性研究方法，多利用随机性研究方法。

以城市燃气管网风险评估为例，说明确定性与随机性结合的研究方法。综合的城市燃气管网定量风险评估方法应当分为可能性分析、后果分析和风险评估三个环节，其中后果分析包含管网外和管网内两个部分，城市燃气管网综合风险评估框架如图 8-7 所示。

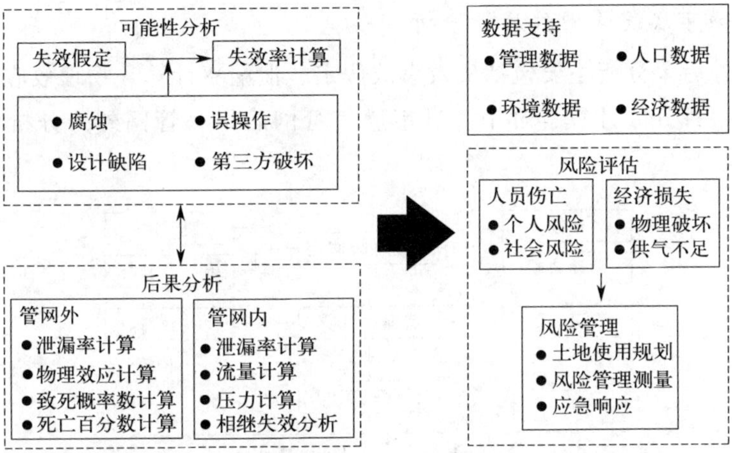

图 8-7　城市燃气管网综合风险评估框架

（1）城市燃气管网故障可能性分析

燃气管网失效破裂的主要原因和影响因素包括：非管道职工的第三方人员或自然外力对燃气管网系统造成的意外损坏；管网设备老化，导致管道内部严重腐蚀；原有设计不符合相关规程或施工质量不达标，存在设计和技术缺陷；管道职工在维护维修过程中，因缺乏专业训练和技能而导致的误操作。这些因素相互耦合，导致燃气管网存在一定的失效概率。通过事故树分析、故障树分析、经验修正公式或历史数据，可以计算出燃气管网失效概率。

燃气管网失效通常是指由于某种原因（外界影响或固有风险）导致燃气管道破裂，引发燃气泄漏。燃气管网的失效概率是指每年每单位长度管线的失效次数，影响因素包括外界环境因素，如地质活动、气候气象条件等，也包括燃气管网自身属性因素，如管道内部压力、管径、设备使用年限及寿命等。燃气管网的失效概率多采用事故树分析方法或故障树分析方法分析。目前各种确定燃气管网失效概率的方法所得到的结果仍有较大的不同，结果较为不准确。其原因是失效概率中既包含与时间无关的（地质活动、外界扰动）因素，也包含依赖于时间的（腐蚀、老化）因素，失效概率随设计因素、建筑条件、维护技术、环境因素而变化。此外，第三方破坏对管网失效概率的影响有较大的不确定性，可以根据相应的经验公式进行近似模拟。对于一般性的小型城市燃气管网，失效概率取 5.75×10^{-4} $(km\cdot a)^{-1}$，燃气管网失效概率与燃气管道的环境参数、运行参数等物理条件有关。因此，也可以通过经验修正公式对不同燃气管网的失效概率进行修正。

（2）城市燃气管网外后果分析

管网外后果分析主要包括失效事故假定、泄漏率计算、物理效应计算、致死率与伤亡百分数计算等环节。城市燃气管网后果（管网外）分析框架如图 8-8 所示。

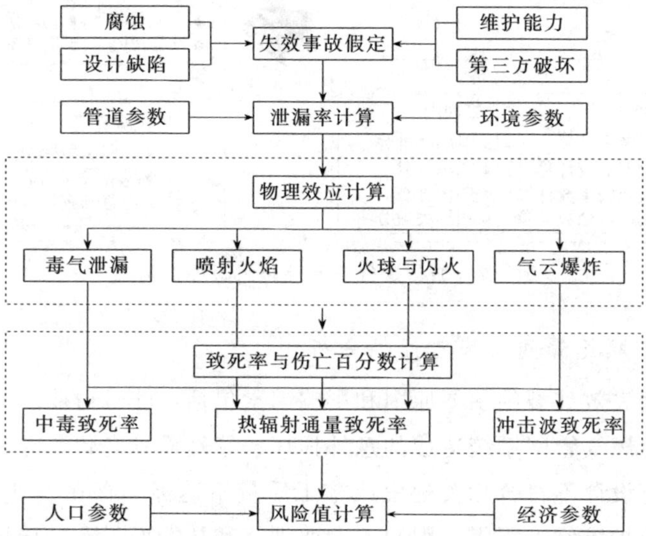

图 8-8　城市燃气管网后果（管网外）分析框架

① 泄漏率计算。天然气管道泄漏时的射流过程，实质上是从孔口喷出的天然气与周围空气进行动量、质量和热量交换的过程。通常，泄漏气体在孔口形成湍流自由射流，整个射流的动量沿射流轴线保持不变。天然气泄漏膨胀过程是一个绝热膨胀过程，由于泄漏孔径较小，可以看作平壁圆孔口，因此输气管道天然气泄漏的膨胀过程是一个在平壁圆孔口上的绝热膨胀过程，其膨胀形状可模拟为半圆球状，其绝热膨胀过程可视为一个定熵过程。泄漏又可分为大孔泄漏和有限孔泄漏两种。关于气体泄漏率的计算模型，常用模型有适用于小孔泄漏的小孔模型和管线全截面断裂的管道模型。而对于孔径大于小孔且小于管径的泄漏，则没有相应的计算模型，需要运用数值模拟的算法进行计算。燃气管道泄漏一般为孔口或裂缝泄漏，可以运用小孔模型进行计算。对裂缝或其

他形状孔口泄漏量的计算，如果是三角形、正方形等规则图形，可根据泄漏系数进行修正。对于其他形状的裂口，可将其等效为面积相同的圆孔，计算出裂缝或其他形状的孔口当量直径，代入圆孔口公式计算。天然气可视为理想气体，假定气体在管道内做一维稳态绝热流动（忽略气体与管道间的热交换），管道内天然气服从理想气体运动规律，小孔排出气体是绝热过程，利用伯努利方程和绝热方程可得到泄漏速度估算公式。

② 泄漏气体的物理效应。管输介质意外泄漏可能造成的损失后果由管输介质的危害性和泄漏点周围的环境决定。对于天然气管网来说，其主要危害形式包括：燃气从破裂的开口或管路喷射出而被引燃的火焰，即称为喷射火焰；燃气泄漏后如果尚未与空气充分混合即被点燃，属于扩散性的燃烧，即形成球形或半球形的火体，称为火球；大量燃气迅速泄漏到空气中形成气云，若点燃时气云质量不足，或火源能量不高，则产生闪火（由于计算公式与火球相同，因此在分析中可以归为一类）；大量燃气迅速泄漏到空气中形成可燃气云，若点燃时可燃气云质量充足，或火源能量足够高，则易产生爆炸，形成冲击波。根据美国石油协会数据，燃气持续性泄漏后发生火球、喷射火焰、闪火、可燃气云爆炸的概率分别为 0.80、0.10、0.06、0.04。

燃气管道破裂导致毒性影响，决定于区域内的气体浓度分布，由相应扩散模型计算得出，扩散模型包括自由扩散模型和射流模型。采用何种模型取决于泄漏源的属性和特点，一般对于连续源或泄漏时间大于等于扩散时间的泄漏扩散采用高斯烟羽扩散模型；瞬时泄漏和部分连续源泄漏或微风采用高斯烟团扩散模式，对于小尺度下的瞬时、小孔、高压快速泄漏则可以采用自由射流模型。

③ 致死概率计算与伤亡百分数计算。在一定时间内，泄漏燃气对人的影响可用致死概率表示，其中致死概率 P_T 是受伤人员暴露百分数的度量，与伤害因子 I_f（物理效应）有关。致死概率通常处于 1～10，与伤亡百分数存在一一对应关系，可以通过查表得出伤亡百分数。

(3) 城市燃气管网内后果分析

城市燃气管网内的风险评估主要研究由于供气不足所造成的经济损失，并可通过相继失效模式进行定量计算，评估可能造成的经济风险。在实际的城市燃气管网中，微小的失效将导致整个网络内的流量损失和压力下降，从而导致供气节点的供气不足，造成经济损失。针对燃气管网内部的事故后果分析，需针对燃气管网在计算流量的工况下（由管段及节点计算流量子模型计算得到），结合流体泄漏子模型和燃气管网压力分布计算子模型，计算管网在某一节点或管段发生破裂泄漏的情况下，整个管网内压力分布情况，并根据燃气管网内各节点用户的供气压力需求，判断泄漏和破裂对整个燃气管网各个节点的影响。在建立模型之前，需要首先确定燃气网络的节点和管段。选择节点的依据是：①根据图论理论，对整个燃气管网的连通性影响重大的元部件；②燃气管网上本身所具有的重要设施。因此，可以选取燃气管网的接收站、储配站、燃气调压室、小区燃气入口处、集中负荷入口为待研究的燃气管网节点，选取连接两节点的管道为研究的管段。燃气管网内的风险传播可以通过计算燃气管网内的压力重新分布情况进行分析，燃气管网内的压力重新分布计算模型包括泄漏率计算、压力重新分布计算和流量重新分布计算，并且可以根据相应迭代算法逐步提高计算精度。

(4) 城市燃气管网风险评估

通过上述分析，综合燃气管网事故发生的可能性和后果严重程度，可以定量计算出城市燃气管网的风险，包括人员伤亡和财产损失。其中，人员伤亡的风险主要通过个人风险和社会风险进行定量度量；经济风险主要通过燃气管网内的压力重新分布情况进行计算，根据风险评估的结果，可以将计算结果与安全标准的规定限值或经验值相比较，判断燃气管网的风险情况，对于超出限值的区域，提出改进和完善措施。值得注意的是，当燃气管网周围存在其他风险装置（如危险化学品装置）或弱点中心（如学校、医院等大型公共设施）时，应采用更好的防护标准。

① 个人风险。对于燃气管网而言，其影响范围内任意一点将受到管网上一定范围内所有可能发生的事故后果的影响。因此，每一点的个人风险包含了周围一段管道的风险，高压管段对人员生命的风险要远大于同等直径的低压管段，管道周边地区的风险要远大于具有相同流量的节点的风险。

② 社会风险。社会风险可表达为个人风险与该个人所占面积与单位面积的人口密度三者的积的累加。针对城市燃气管网各节点、管段周围社会风险随距离分布情况，可以得到相应的社会风险计算方法，计算燃气管网各节点、管段周围社会风险分布情况。

③ 经济风险。经济风险可以通过综合管网供气不足的可能性以及后果严重程度进行评估。当燃气管网内节点的压力低于设计的极限值时，该节点的工作活动将受到影响，所造成的经济损失可以根据工业产出的减少量进行定量测算。对于没有经济运行数据的地区，为方便计算，可以假设经济产出与燃气供

气压力成正比。

以上考虑城市燃气管网事故的特点和失效模式，提出城市燃气管网定量风险评估方法，其中包括可能性分析、后果分析和风险评估三个环节。可能性分析主要涉及随机性的研究方法，根据城市燃气管网失效特点和燃气特性，通过整理燃气管网的基础数据，计算管道的失效率。后果分析主要涉及确定性的研究方法，包括管网外和管网内两个部分。管网外后果分析主要分为失效事故假定、泄漏率计算、物理效应计算、致死概率与伤亡百分数计算等步骤，所研究的事故后果包括喷射火焰燃烧、气云燃烧、爆炸等；管网内后果分析主要包括泄漏率计算，所研究的事故后果主要为供气不足导致的损失。综合事故发生的可能性和后果，即可定量计算城市燃气管网风险的影响范围，包括个人风险、社会风险和经济风险，用以衡量燃气管网对人员和财产所造成的风险。

参考文献

[1] 范维澄．公共安全科学导论［M］．北京：科学出版社，2013.

[2] 司娴，朱倩男，刘汉忠，等．基于 ARMA（1,1）模型的南通市通州区梅毒发病率预测［J］．南通大学学报（医学版），2023，43（06）：557-560.

[3] 王华友，张诚诚，薛海红，等．基于“回归＋马尔可夫”组合模型的民用航空事故征候数预测［J］．系统工程与电子技术，2023，45（7）：2119-2120.

[4] 姜雪锦，李阳，丁红红，等．基于灰色 GM（1,1）模型的我国医院感染患病率变化趋势及预测［J］．中国医院统计，2024，31（02）：87-89.

[5] 李明，王秉．公共安全与应急管理［M］．北京：化学工业出版社，2023.

[6] Ball J D，Ball-King L．Public Safety and Risk Assessment［M］．Oxfordshire：Taylor and Francis，2014.

[7] 唐钧．公共安全风险治理［M］．北京：中国人民大学出版社，2022.

[8] 徐黎丽，于浩茹．公共安全概论［M］．北京：社会科学文献出版社，2020.

附录

安全科学与工程类教学质量国家标准

1 概述

安全是人类进行各种活动的客观需要，是人类社会发展的必然趋势。人类要生存和发展，需要认识安全的一般规律，为自身的生存和发展提供保障。同时，生产力的不断发展，也促进了安全科学技术不断发展。特别是进入 20 世纪后，随着世界各国工业化进程的不断加快，安全问题越来越突出。在煤炭、化工、建筑等传统工业、食品卫生、环境及其他新兴工业领域，安全问题日益凸显，传统的单一学科已经难以解决这些问题。安全科学与工程发展成综合理、工、文、法、管、医等学科的交叉学科，应用领域涉及社会文化、公共管理、行政管理、检验检疫、消防、土木、矿业、交通、运输、航空、机电、食品、生物、农业、林业、能源等行业乃至人类生活的各个领域，并且与上述学科都有交叉。

同时，安全科学与工程具有理论、技术与管理的融合性，解决安全问题一方面需要依赖科学技术，另一方面由于经济条件的制约，对一时做不到本质安全的技术系统，则必须用安全管理来补偿。

安全科学与工程学科是以安全学原理为基础，以信息论、系统论、控制论为先导，包括安全科学理论、工程技术和管理在内的一门宽口径综合学科，主要内容包括人类在劳动生产和防御各种灾害的过程中所采用的、以保证人的身心健康和生命安全、减少物质财产损失、降低事故风险为目的的安全技术理论及专业技术手段。

安全科学与工程学科的主要任务是研究人类生产和社会活动中面临的共同的安全科学理论、技术问题，目的在于揭示安全科学的一般规律，直接指导安全科学与工程技术的研究和发展。

我国的安全科学与工程类专业本科教育始于 20 世纪 50 年代。1954 年北京劳动干部学校成立，开始培养工业劳动保护人才，1956 年 2 月该校设立劳动保护、锅炉检查和劳动经济3个专业。1958年升格为北京劳动学院后，进行专业调整，设立了工业安全技术、工业卫生技术2个专业。

20世纪50年代以后，部分高等院校开始培养矿山通风与安全方向的专门人才，1983年部分高校创办了矿山通风与安全本科专业。

此后经多次本科专业目录调整，安全科学与工程类专业也不断整合，安全工程成为综合性专业，不仅为矿山行业培养人才，而且开始为各行各业培养安全人才。

2011年，国务院学位委员会将安全科学与工程列为一级学科，归属于工学门类；2012年，教育部颁布《普通高等学校本科专业目录（2012年）》，将安全科学与工程单列为一个类，下设安全工程专业。

2　适用专业范围

2.1　专业类代码

安全科学与工程类（0829）

2.2　本标准适用的专业

安全工程（082901）

3　培养目标

3.1　专业类培养目标

安全科学与工程类专业的培养目标是根据现代经济和技术的发展要求，培养能从事安全科学研究、安全技术开发、安全工程设计、安全风险评估、安全监察与监管、安全检测与监控、安全生产组织管理、安全教育与培训、事故应急救援等方面高级工程技术和管理人才。

3.2　学校制定专业培养目标的要求

各高校应根据专业类培养目标和自身办学定位，结合本校学科特色，在对行业和区域特点以及学生未来发展需要进行充分调研与分析的基础上，准确定位并细化人才培养目标的内涵，以适应社会经济发展对多样化人才的需要。

各高校还应对人才培养目标与科技、经济、社会持续发展需要的吻合度进行定期评估，建立适时调整专业发展定位和人才培养目标的有效机制，确保有效实现培养目标并符合社会需求。

4　培养规格

4.1　学制

基本学制4年，实行学分制的学校可以适当调整为3～6年。

4.2 授予学位

工学学士。

4.3 总学时或学分要求

总学分为140～180学分，总学时为2100～2500学时，各高校可根据具体情况做适当调整。

4.4 人才培养基本要求

4.4.1 思想政治和德育方面

按照教育部统一要求执行。

4.4.2 业务方面

（1）掌握从事安全科学与工程类工作所需的数学、物理学、化学等自然科学基础知识，具备基本分析计算能力。

（2）掌握基本的法学、文学、哲学、伦理学、艺术学、社会学、心理学等人文社会科学基础知识，能够为所从事的安全科学与工程类工作提供支撑。

（3）掌握从事安全科学与工程类工作所需的力学、工程制图、机械设计、电工电子及相关行业等工程技术基础知识，具备基本安全设计分析能力。

（4）掌握行为科学、经济学、管理学、保险学等管理科学基础知识，具备基本安全经济分析能力。

（5）掌握安全原理、安全系统工程、安全人机工程、安全管理、安全法规、安全技术、职业安全健康、行业安全工程等方面专业知识，对于即将或主要从事的行业及领域熟悉其工艺特点、流程、工艺设备等，具备基本安全技术管理能力。

（6）掌握外语、计算机及信息技术应用、文献检索、方法论、科技方法、科技写作等工具性知识，能阅读本专业外文资料，具有一定的国际视野、交流与合作能力。

4.4.3 体育方面

按照教育部统一要求执行。

5 师资队伍

5.1 师资队伍数量和结构要求

专任教师数量和结构满足本专业教学需要，生师比不高于18∶1。

新开办专业至少应有10名专任教师，在120名学生基础上，每增加20名学生，须增加1名教师。

专任教师中具有硕士、博士学位的比例不低于50％。

专任教师中具有高级职称的比例不低于30％。

5.2　教师背景和水平要求

5.2.1　行业背景

从事本专业主干课教学工作教师的本科和研究生学历中，必须有其中之一毕业于安全科学与工程类或相近专业。部分授课教师应具有安全领域研究背景。

5.2.2　工程背景

所有授课教师应具备与所讲授课程相匹配的能力（包括设计能力、分析能力和解决问题能力）。

讲授工程与应用类课程的教师具有工程、项目科学研究背景，有教师承担过工程性项目或具有企业工作经历。

5.3　教师发展环境

为教师提供良好的工作环境和条件。教师承担的课程数和授课学时数合理，保证在教学以外有时间和精力参加学术活动、工程和研究实践，不断提升个人专业能力。有合理的师资队伍建设规划，为教师培训、进修、从事学术交流活动提供支持，促进教师专业发展。实施青年教师培养计划，建立高效的青年教师专业发展机制。

拥有良好的相应学科基础，为教师从事学科研究与工程实践提供基本的条件、环境和氛围。鼓励和支持教师开展教学研究与改革、学术研究与交流、工程设计与开发、社会服务等。使教师明确具在教学质量提升过程中的责任，不断改进工作，满足专业教育不断发展的要求。

6　教学条件

6.1　教学设施要求（实验室、实践基地等）

（1）教室、实验室及设备在数量和功能上满足教学需要。有良好的管理、维护和更新机制，实验器材及相关设施完好，安全防护等设施符合国家规范。与企业合作共建实习和实训基地，在教学过程中为学生提供参与工程实践的平台。

实验开出率不低于教学大纲规定的 90%；有一定数量的综合性、设计性实验，有开放性实验室

（2）计算机、网络以及图书资料资源能够满足学生的学习，以及教师的日常教学和科研所需。资源管理规范、共享程度高。

（3）学校能够提供达成培养目标所必需的基础设施，包括为学生的实践活动、创新活动提供有效支持。

（4）实验教学人员数量充足、结构合理，能够有效指导学生进行实验。

（5）因地制宜建设校内外实习基地，能为参加实践教学环节的学生提供充分的设备使用时间，有指导教师对学生的实践内容、实践过程等进行指导，有明确的与理论教学密切结合的实践教学目的和内容。校外实践基地中参与教学活动的人员应理解实践教学目标和要求，工程实践的平台和环境能满足相关专业人才培养的需要。

（6）建设大学生科技创新活动基地。

6.2　信息资源要求

配备各种高水平、充足的教材、参考书和工具书及一定数量与专业有关的图书、刊物、资料、数字化资源和具有检索这些信息资源的工具。师生能够方便地利用，阅读环境良好，且能方便地通过网络获取学习资料。

学校图书馆及安全专业所属院（系、部）的资料室中应有必要的安全工程类图书、期刊、手册、图纸、电子资源等文献信息资源和相应的检索工具等。

6.3　教学经费要求

教学经费投入较好地满足人才培养需要，专业生均年教学日常运行支出不少于 2400 元［教育部《普通高等学校基本办学条件指标（试行）》］。

7　质量保障体系

应对主要教学环节（包括理论课程、实验课程等）建立质量监控机制，使主要教学环节的实施过程处于有效监控状态；各主要教学环节应有明确的质量要求；应建立对课程体系设置和主要教学环节教学质量的定期评价机制，评价时应重视学生与校内外专家的意见。

7.1　教学质量监控系统

（1）人才培养目标

主要监控人才培养目标定位、人才培养模式、人才培养计划、学科专业调整和发展方向等。

（2）人才培养过程

主要监控教学大纲的制定和实施、教材选用、师资配备、课堂教学质量、实践性环节、教学内容和手段的改革、考核方式和试卷质量等。

（3）人才培养质量

主要监控各项竞赛获奖、创新能力和科研能力、毕业率、学位授予率、就业率、用人单位和社会评价、人才培养目标达成度等。

7.2　教学质量监控组织和制度

各高校应建立学校、学院（系）、系（教研室）三级监控体系，根据管理的职能，在不同层面上实施质量监控。

应建立听课制度、评教制度、试讲制度、教学督导、专项评估等质量监控制度，并有相应的监控手段和方法。

7.3　毕业生跟踪反馈机制要求

各高校应建立毕业生跟踪反馈机制，及时掌握毕业生就业去向和就业质量、毕业生职业满意度和工作成就感、用人单位对毕业生的满意度等；应采用科学的方法对毕业生跟踪反馈信息进行统计分析，并形成分析报告，作为质量改进的主要依据。

7.4　专业的持续改进机制要求

各高校应建立专业持续改进机制，针对教学质量存在的问题和薄弱环节，采取有效的纠正与预防措施，进行持续改进，不断提升教学质量。

附录　安全科学与工程类专业知识体系和核心课程体系建议

1　专业类知识体系

1.1　知识体系

1.1.1　通识类知识

通识类知识包括军事理论、法律、伦理、外语、人文、体育等基本内容；除国家规定的教学内容外，人文社会科学、外语、计算机与信息技术、体育、艺术等内容由各高校根据自身办学定位及人才培养目标确定。

1.1.2　基础知识

基础知识教学内容必须覆盖以下知识领域的核心内容：高等数学、线性代数、概率与数理统计、物理学、化学、力学、工程制图、机械设计基础、电工电子、计算机基础。具体教学内容由各高校自行确定，并应符合教育部相关规定。

1.1.3　专业知识

专业知识包括通用专业知识和行业专业知识。通用专业知识包括：安全原理、安全系统工程、安全人机工程、安全管理学、安全法学、安全经济学、安全心理学、安全行为学、职业安全健康、事故调查与处理、安全监管监察、应急管理等；行业专业知识包括：矿山安全、冶金安全、化工安全、建筑施工安全、火灾爆炸防治、机电安全、特种设备安全、噪声控制、通风除尘、防毒技术、辐射防护、交通运输安全等。

1.2　主要实践性教学环节

具有满足教学需要的完备实践教学体系，主要包括实验课程、课程设计、实习、毕业设计（论文）等。积极开展科技创新、社会实践等多种形式实践活动，让学生到各类工程单位实习，取得工程经验，基本了解本行业状况。

（1）实验课程

包括一定数量的软硬件及系统实验，包括安全设备及测量仪器仪表、相关软件和系统的使用方法。

（2）课程设计

根据课程性质，不少于2门专业主干课程安排课程设计。

（3）实习

建立相对稳定的实习基地，便于学生认识和参与生产实践。

（4）毕业设计（论文）

须制定与毕业设计（论文）要求相适应的标准和检查保障机制，对选题、内容、学生指导、答辩等提出明确要求，保证课题的工作量和难度，并给学生有效指导。选题应结合本专业主要就业领域的工程实际问题，有明确的应用背景，培养学生的工程意识、协作精神以及综合应用所学知识解决实际问题的能力，同时注意培养学生的创新意识和能力、责任感和敬业精神，注意引导学生在工程设计中综合考虑经济、环境、社会、法律、伦理等各种因素的影响。

对毕业设计（论文）的指导和考核应有企业或行业专家参与。

2 专业类核心课程体系建议

2.1 课程体系构建原则

课程设置应能支持培养目标的实现，课程体系设计应有企业或行业专家参与。课程体系必须包括：

（1）人文社会科学类通识课程（至少占总学分的15%），使学生在从事工程设计时能够考虑经济、环境、法律、伦理等各种制约因素。

（2）与本专业培养目标相适应的数学和自然科学类课程（至少占总学分的15%）。

（3）符合本专业培养目标的工程基础类课程、专业基础类课程与专业类课程（至少占总学分的30%）。工程基础类课程和专业基础类课程应能体现数学和自然科学在本专业应用能力的培养，专业类课程应能体现系统设计和实现能力的培养。

（4）工程实践与毕业设计（论文）（至少占总学分的20%）。主要指集中实践环节、单独设课课程学分，课内实验、实践学时不予计入。应设置完善的实践教学体系，应与企业合作，开展实习、实训，培养学生的动手能力和创新能力。

2.2 课程类别及其内容

2.2.1 数学和自然科学类课程

数学：微积分和解析几何、常微分方程、线性代数、概率和统计、计算方法等基本知识。

物理学：力学、振动、波动、光学、分子物理学与热力学、电磁学、狭义相对论力学基础、量子物理基础等。

化学：无机化学、分析化学、有机化学基础知识及其基本实验等。

2.2.2 工程基础类课程

工程力学：理论力学、材料力学。

工程流体力学：流体静力学、流体动力学、明渠流、堰流与闸孔出流、渗流、气体动力学基础、湍流射流。

工程热力学：热力系统、热力平衡、热力状态、热力过程、热力循环与工质、热力发动机、制冷机与热泵的工作循环、热能利用率和热功转换效率。

电工与电子技术：直流电路、正弦交流电路、动态电路的分析、磁路与变压器、三相异步电动机、继电-接触器控制、工厂供电与安全用电、电工测量、运算放大器、直流稳压电源、逻辑门电路、触发器、D/A 和 A/D 转换器。

机械基础：投影、三视图、机件的表达方法、零件图、装配图、计算机绘图。机械工程材料、金属热加工基础、机械传动、液压与气压传动、机械加工等。

2.2.3 专业基础类课程

安全原理：事故发生的社会、自然科学机制及事故发生、发展规律，事故致因理论。

安全系统工程：主要研究产品、产品系统或生产系统中物的不安全因素及解决策略。

安全人机工程：人体参数、人的感知与反应、人的心理特征、人的作业特征、显示器设计。

安全管理工程：以组织为研究范围，管理体系、事故预防的管理科学方法、组织与个人（不）安全行为解决方法。

安全法学：安全生产法律体系、宪法、劳动法、安全生产法等安全生产基础法规的重点内容，我国安全生产立法的改革趋势。

2.2.4 专业类课程

安全检测与监控：安全检测与工业运行状态信息的关系，安全检测系统的组成和分类，安全检测技术与方法，安全监测技术与方法。

电气安全：电气事故机理，通用防触电技术，电气线路与电气设备的安全技术，电气防火防工程防雷安全与静电安全，电气安全管理。

火灾爆炸：燃烧与爆炸的机理，防火与防爆技术的基本理论，防火与防爆基本技术措施。

机械安全：机械安全的基本规律，常见危险机械的安全技术。

通风安全工程：作业场所有害物的来源与危害，通风原理与通风技术，有毒有害气体净化原理与方法。

压力容器安全：压力容器的分类与结构，压力容器工作原理，压力容器质量控制，压力容器安全装置，压力安全缺陷检验。

2.2.5 实践环节

具有满足安全工程专业本科教育需要的完备的实践教学体系，主要包括课程设计、专业实验、计算机应用及上机实践、认识实习、生产实习、科技创新、社会实践、毕业设计（论文）等多种形式，是培养学生工程实践能力和创新精神的重要环节。

（1）专业实验

专业实验课程是本科教学的重要环节。各高校可根据具体情况至少选择下列实验中的1/3进行安排：安全管理实验、环境参数测定、人机工程实验、设备的安全检测、气体检测与分析实验、防火防爆实验、安全信息采集综合实验、安全远程监测实验、火源监控实验、构件缺陷检测、电气设备安全检测实验、粉尘检测与分析实验、通风与除尘实验、工业装备安全在线监测实验、灾害防治仿真实验。

必开实验包括安全人机工程、设备的安全检测、防火防爆等。自选实验由各高校根据办学特色和教学计划安排。

各高校可根据办学特色和教学计划安排其他实验。

（2）认识实习

认识企业事故发生状况，生产工艺与设备的主要危险与有害因素，基本的安全技术措施和管理措施。时间安排1～2周。

（3）生产实习

熟悉安全生产工艺流程，掌握部分关键生产设备、装置的安全技术，主要是所选的行业背景的生产工艺流程和生产设备、装置的安全技术措施，运用所学知识在企业进行应用实践。时间安排4～6周。

（4）毕业实习

应结合学生准备从事的专业方向，有侧重点地进行。熟悉实习单位的安全技术和管理体系，熟悉安全管理部门的职责及安全技术人员的职责和工作程序。主要搜集毕业设计（论文）所需资料。时间安排4～6周。

(5) 课程设计

专项事故预防方法的专门设计，可以安排如人机工程学方法、安全管理学方法、安全风险评估、事故调查分析、通风工程技术、防火措施、防尘技术等。也可安排综合性设计。

(6) 毕业设计（论文）

毕业设计（论文）可安排10～15周，学生选题紧密结合生产和社会实际，难度、工作量适当，能体现专业综合训练要求；一般毕业设计（论文）50%以上应在实验、实习、工程实践和社会调查等社会实践的基础上完成。

课程设置由各高校根据自身的专业特色自主设置，本专业标准只对数学与自然科学、工程基础、专业基础、专业课程四类课程的内容提出基本要求。各高校可在该基本要求之上增设、调整课程。各种实习环节具体类型和周数由各高校自行根据教学需要安排，总的实习周数一般不得少于10周，实践环节学时应满足20%比例要求。

课程体系的设置应有企业或行业专家参与。

2.3　部分核心课程体系示例（括号内数字为建议理论学时数＋实验学时数或者习题课学时数）

安全工程专业示例一（煤矿方向）

流体力学与流体机械（36＋4）、安全系统工程（40）、安全管理学（32）、安全心理学（32）、安全经济学（32）、防火防爆理论与技术（36＋4）、矿井通风（50＋6）、矿井瓦斯防治（28＋4）、安全监测监控（36＋4）、安全人机工程（28＋4）、矿山开采（38＋2）、安全法规（32）、安全评价技术（32）、矿井火灾防治（28＋4）、矿井粉尘防治（20＋4）、专业计算机应用（20＋20）、专业英语（32）、煤矿安全监察（24）、矿山救护（36＋4）。

安全工程专业示例二（工业方向）

流体力学与流体机械（36＋4）、安全系统工程（40）、安全管理学（32）、安全心理学（32）、安全经济学（32）、工业通风与除尘（30＋2）、防火防爆理论与技术（36＋4）、机械安全工程（28＋4）、电气安全工程（24）、应急救援理论与技术（36＋4）、安全监测监控（36＋4）、作业环境空气检测（28＋4）、工业防毒（32）、灾害学（32）、特种设备安全（32）、化工安全工程（36＋4）、安全法规（32）、安全人机工程（28＋4）、安全评价技术（32）、专业计算机应用（20＋20）、专业英语（32）。

安全工程专业示例三（石油方向）

工程力学（56+8）、机械设计基础（56）、电工电子学（56+16）、计算机测控技术（52+4）、安全监测与监控（36+4）、安全系统工程（40）、安全评价技术（32）、安全人机工程（28+4）、工程热力学与传热学（36+4）、石油加工概论（32）、油气储运概论（32）、石油安全工程（或化工安全工程）（32）、工业安全技术（32）等。

安全工程专业示例四（设计、评价、咨询方向）

工程制图（80）、基础化学（56）、基础化学实验（24）、大学计算机基础实践（16）、微积分ⅡA（48）、微积分ⅢA（24）、线性代数Ⅰ（32）、大学物理Ⅱ（120）、C++程序设计基础（48）、有机化学Ⅲ（40）、C++程序设计实践（32）、工程力学（64）、经济学基础（32）、概率论B（32）、数理统计Ⅱ（24）、流体力学（32）、电工学Ⅰ（64）、物理实验Ⅱ（24）、工程热力学与传热学（48）、物理化学Ⅲ（48）、数据库技术及应用（32）、安全信息工程（32）、安全经济学（32）、可靠性分析（32）、电工电子实践Ⅱ（16）、制造工程训练Ⅱ（金工实习）（32）、机械设计基础Ⅱ（56）、安全人机工程（32）、资产评估概论（32）、环境工程（40）、安全监测技术（32）、安全系统工程（40）、安全教育学（24）、安全学原理（40）、工程CAD（计算机辅助设计）（40）、安全法规（24）、爆炸与冲击（32）、可靠性分析（32）、地下结构可靠性（24）、消防工程（24）、职业卫生及工程（32）、压力容器安全技术（24）、工业通风与空调（32）、安全心理学（32）。

上述示例仅供参考，各高校可根据相关规定和培养目标自行设置核心课程。

3 人才培养多样化建议

安全科学与工程类专业作为综合性、交叉性学科，涉及领域非常广泛，知识体系庞大。各高校应结合自己的行业特色、目标定位和社会需要，以适应社会对多样化人才培养的需要和满足学生继续深造与就业的不同需求为导向，积极探索研究型、应用型、复合型人才培养，建立多样化的人才培养模式和与之相适应的课程体系、教学内容、教学方法，设计优势特色课程，设置一定比例的选修课程，由学生根据个人兴趣和发展进行选修。

4 有关名词释义和数据计算方法

4.1 名词释义

（1）教师人数

教师人数指从事本专业教学（含实践）的专业教师队伍。承担安全工程专业政治、英语、体育、数学等公共课教学的教师及担任其他行政工作（如辅导员、党政工作）的教师不计算在内。所有教师均为专任全职教师。如有兼职教师，每 2 名兼职教师折算成 1 名专任全职教师。兼职教师不超过专任教师总数的 1/4。

（2）专任教师

专业的专任教师是指承担学科基础知识和专业知识教学任务的教师。

专任教师一是要具有高等教育教师资格证书，二是要在统计时段承担教学工作。具体包括：

① 具有高校教师资格且在统计时段承担教学任务的专职任课教师。

② 具有高校教师资格且在统计时段承担教学任务的“双肩挑”（行政、教学）人员。

③ 具有高校教师资格且在统计时段承担教学任务的非高校教师专业技术职务系列人员。

④ 具有高校教师资格且在统计时段承担教学任务的分管学生工作的正副书记、学生辅导员。

⑤ 由于学历原因未能取得高校教师资格证，但具有高校教师专业技术职务并一直从事教学工作的教师。

已经调离教学岗位不再承担教学工作，专职担任行政领导工作或其他工作的原教学人员，以及兼任教师和代课教师均不属于“专职教师”。

4.2　数据计算方法

（1）折合在校生数

折合在校生数＝普通本、专科（高职）生数＋硕士生数×1.5＋博士生数×2＋留学生数×3＋预科生数＋进修生数＋成人脱产班学生数＋夜大（业余）大学学生数×0.3＋函授生数×0.1。

（2）学分与学时换算标准

理论课程每 16 学时计 1 学分；实验课程每 24 学时计 1 学分；集中实践每 1 周计 1 学分。

学时学分比例各高校可根据自身实际进行微调。